职业教育职业培训 *改革创新教材*
全国高等职业院校、技师学院、技工及高级技工学校规划教材
模具设计与制造专业

液压与气动传动

周青山　主　编
张　丽　副主编

电子工业出版社

Publishing House of Electronics Industry

北京·BEIJING

内 容 简 介

本书根据高等职业院校、技师学院"模具设计与制造专业"的教学计划和教学大纲,以"国家职业标准"为依据,按照"以工作过程为导向"的课程改革要求,以典型任务为载体,从职业分析入手,切实贯彻"管用"、"够用"、"适用"的教学指导思想,把理论教学与技能训练很好地结合起来,并按技能层次分模块逐步加深液压与气动传动相关内容的学习和技能操作训练。本书较多地编入新技术、新设备、新工艺的内容,还介绍了许多典型的应用案例,便于读者借鉴,以缩短学校教育与企业需求之间的差距,更好地满足企业用人需求。

本书可作为高等职业院校、技师学院、技工及高级技工学校、中等职业学校模具相关专业的教材,也可作为企业技师培训教材和相关设备维修技术人员的自学用书。

未经许可,不得以任何方式复制或抄袭本书之部分或全部内容。
版权所有,侵权必究。

图书在版编目(CIP)数据

液压与气动传动/周青山主编. —北京:电子工业出版社,2013.3
职业教育职业培训改革创新教材 全国高等职业院校、技师学院、技工及高级技工学校规划教材 模具设计与制造专业

ISBN 978-7-121-18773-5

Ⅰ. ①液… Ⅱ. ①周… Ⅲ. ①液压传动-高等职业教育-教材②气压传动-高等职业教育-教材 Ⅳ. ①TH138 ②TH137

中国版本图书馆 CIP 数据核字(2012)第 249255 号

策划编辑:关雅莉 杨 波
责任编辑:郝黎明 文字编辑:裴 杰
印 刷:三河市鑫金马印装有限公司
装 订:三河市鑫金马印装有限公司
出版发行:电子工业出版社
     北京市海淀区万寿路 173 信箱 邮编:100036
开 本:787×1092 1/16 印张:12 字数:307.2 千字
印 次:2013 年 3 月第 1 次印刷
定 价:22.50 元

凡所购买电子工业出版社图书有缺损问题,请向购买书店调换。若书店售缺,请与本社发行部联系,联系及邮购电话:(010)88254888。
质量投诉请发邮件至 zlts@phei.com.cn,盗版侵权举报请发邮件至 dbqq@phei.com.cn。
服务热线:(010)88258888。

职业教育职业培训 *改革创新教材*

全国高等职业院校、技师学院、技工及高级技工学校规划教材

模具设计与制造专业 教材编写委员会

主 任 委 员：史术高　　　湖南省职业技能鉴定中心（湖南省职业技术培训研究室）

副主任委员：（排名不分先后）

陈黎明	衡阳技师学院	唐志雄	郴州技师学院
刘铁石	衡阳技师学院	戴　乐	湖南省机械工业技术学院
廖　剑	湖南工贸技师学院	谢贤和	湖南省机械工业技术学院
王　斌	湖南工贸技师学院	陈向云	湖南省机械工业技术学院
刘少军	湖南工贸技师学院	陈少友	湖南省机械工业技术学院
马汉蒲	湖南工贸技师学院	熊建武	湖南工业职业技术学院
吴建伟	湖南工贸技师学院	蔡志强	益阳职业技术学院
彭志红	湖南工贸技师学院	汪哲能	衡阳财经工业职业技术学院
周青山	湘潭技师学院	王少炯	株洲市职工大学
陈芬桃	湘潭技师学院	陈　韬	衡阳市珠晖区教育局
邹献国	湘潭技师学院	李淑宝	广东省机械高级技工学校
聂　颖	湘潭技师学院	彭惟珠	广东省机械高级技工学校
张立夏	湘潭技师学院	罗文锋	广东省高级技工学校
郭勇军	湘潭技师学院	吴德永	茂名市高级技工学校
康　勇	湘潭技师学院		

委　　员：（排名不分先后）

邓远华	衡阳技师学院	凌增光	湖南工贸技师学院
陈宝翔	衡阳技师学院	曾平平	湖南工贸技师学院
陈桂奇	衡阳技师学院	袁见平	湖南工贸技师学院
赵治平	衡阳技师学院	黄世雄	湖南工贸技师学院
邓交岳	衡阳技师学院	赵小英	湖南工贸技师学院
黄海赟	衡阳技师学院	刘　娟	湖南工贸技师学院
张国华	衡阳技师学院	周明刚	湖南工贸技师学院
文建平	衡阳财经工业职业技术学院	龙　湘	湖南工贸技师学院
陈志彪	衡阳市职业中等专业学校	宋安宁	湖南工贸技师学院
张艳军	湖南工贸技师学院	张　志	湖南工贸技师学院
金　伟	湖南工贸技师学院	肖海涛	湘潭技师学院
杜　婷	湖南工贸技师学院	张　丽	湘潭技师学院
张京昌	湖南工贸技师学院	刘一峰	湘潭技师学院
周晓泉	湖南工贸技师学院	龙　涛	湘潭大学

颜迎建	湘潭市电机集团力源模具公司	洪耿松	广东省国防科技高级技工学校
阳海红	湖南省机械工业技术学院	李锦胜	广东省机械高级技工学校
陈俊杰	湖南省机械工业技术学院	蔡福洲	广州市白云工商技师学院
刘小明	湖南省机械工业技术学院	谭永林	广东省中山市技师学院
张书平	湖南省机械工业技术学院	杨彩红	广东省中山市技师学院
陈小兵	湖南省机械工业技术学院	黄　鑫	深圳市宝山技工学校
李飞飞	湖南省机械工业技术学院	罗小琴	茂名市第二高级技工学校
陈效平	湖南省机械工业技术学院	廖禄海	茂名市第二高级技工学校
陈　凯	湖南省机械工业技术学院	许　剑	江苏省徐州技师学院
张健解	湖南省机械工业技术学院	李　刚	山西职业技术学院
丁洪波	湖南省机械工业技术学院	王端阳	祁东县职业中等专业学校
王碧云	湖南省机械工业技术学院	刘雄健	祁东职业中等专业学校
王　谨	湖南省机械工业技术学院	卢文升	揭阳捷和职业技术学校
曾尚艮	湖南省机械工业技术学院	徐　湘	吉林机电工程学校
简忠武	湖南工业职业技术学院	杨海涛	吉林机电工程学校
易　杰	湖南工业职业技术学院	武青山	抚顺机电职业技术学校
刘爱菊	湖南省蓝山县职业技术中专	乔　慧	山东省轻工工程学校
彭　强	湖南省株洲第一职业技术学校	李金花	山东大王职业学院
宋建文	长沙航天工业学校	于治策	威海工业技术学校
张　源	湖南晓光汽车模具有限公司	陈代云	福建工业学校
张立安	益阳广益科技发展有限公司	林艳如	福建工业学校
贾庆雷	株洲时代集团时代电气有限公司	李广平	泊头职业学院
欧汉德	广东省技师学院	郝兴发	湖北省荆门市京山县职教中心
邹鹏举	广东省技师学院	程伊莲	湖北城市职业学校

秘　书　处：刘南、杨波、刘学清

出版说明

人才资源是国家发展、民族振兴最重要的战略资源，是国家经济社会发展的第一资源，是促进生产力发展和体现综合国力的第一要素。加强人力资源开发工作和人才队伍建设是加快我国现代化建设进程中事关全局的大事，始终是一个基础性的、全面性的、决定性的战略问题。坚持人才优先发展，加快建设人才强国对于全面实现小康社会目标、建设富强民主文明和谐的社会主义现代化国家具有决定性意义。党和国家历来高度重视人力资源开发工作，改革开放以来，尤其是进入新世纪新阶段，党中央和国务院做出了实施人才强国战略的重大决策，提出了一系列加强人力资源开发的政策措施，培养造就了各个领域的大批人才。但当前我国人才发展的总体水平同世界先进国家相比仍存在较大差距，与我国经济社会发展需要还有许多不适应。为此，《国家中长期人才发展规划纲要（2010—2020年）》提出："坚持服务发展、人才优先、以用为本、创新机制、高端引领、整体开发的指导方针，培养和造就规模宏大、结构优化、布局合理、素质优良的人才队伍，确立国家人才竞争比较优势，进入世界人才强国行列，为在本世纪中叶基本实现社会主义现代化奠定人才基础。"

职业教育培训是人力资源开发的主要途径之一，加强职业教育培训，创新人才培养模式，加快人才队伍建设是人力资源开发的重要内容，是落实人才强国战略的具体体现，是实现国家中长期人才发展规划纲要目标的根本保证。

职业资格鉴定是全面贯彻落实科学发展观，大力实施人才强国战略的重要举措，有利于促进劳动力市场建设和发展，关系到广大劳动者的切身利益，对于企业发展和社会经济进步以及全面提高劳动者素质和职工队伍的创新能力具有重要作用。职业资格鉴定也是当前我国经济社会发展，特别是就业、再就业工作的迫切要求。

国家题库的建立，对于保证职业资格鉴定工作的质量起着重要作用，是加快培养一大批数量充足、结构合理、素质优秀的技术技能型、复合技能型和知识技能型的高技能人才，为各行各业造就出千万能工巧匠的重要具体措施。但目前相当一部分职业资格鉴定题库的内容已经过时，湖南省职业技能鉴定中心（湖南省职业技术培训研究室）组织鉴定站所、院校和企业专家开发了新的题库，并经过人力资源和社会保障部职业技能鉴定中心审核，获准可以按照新的题库开展相应工种的职业资格鉴定工作。

职业教育培训教材是职业教育培训的重要资源，是体现职业教育培训特色的知识载体和教学的基本工具，是培养和造就高技能人才的基本保证。为满足广大劳动者职业培训鉴定需要，给广大参加职业资格鉴定的人员提供帮助，我们组织参加这次国家题库开发的专家，以及长期从事职业资格鉴定工作的人员编写了这套"国家职业资格技能培训与鉴定教材"。本套丛书是与国家职业标准、国家职业资格鉴定题库相配套的。在本套丛书的编写过程中，贯彻了"围绕考点，服务考试"的原则，把编写重点放在以下几个主要方面。

第一，内容上涵盖国家职业标准对该工种的知识和技能方面的要求，确保达到相应等级技能人才的培养目标。

第二，突出考前辅导的特色，以职业资格鉴定试题作为本套丛书的编写重点，内容上紧紧围绕鉴定考核的内容，充分体现系统性和实用性。

第三，坚持"新内容"为编写的侧重点，无论是内容还是形式上都力求有所创新，使本套丛书更贴近职业资格鉴定，更好地服务于职业资格鉴定。

这是推动培训与鉴定紧密结合的大胆尝试，是促进广大劳动者深入学习、提高职业能力和综合素质、促进人才队伍建设的一项重要基础性工作，很有意义，是一件大好事。

组织开发高质量的职业培训鉴定教材，加强职业培训鉴定教材建设，为技能人才培养提供技术和智力支持，对于提高技能人才培养质量，推动职业教育培训科学发展非常重要。我们要适应新形势新任务的要求，针对职业培训鉴定工作的实际需要，统一规划，总结经验，加以完善，努力把职业培训鉴定教材建设工作做得更好，为提高劳动者素质、促进就业和经济社会发展做出积极贡献。

电子工业出版社　职业教育分社

2012 年 8 月

前　言

本书根据技师学院、技工及高级技工学校、高职高专院校"模具设计与制造专业"的教学计划和教学大纲，以"国家职业标准"为依据，按照"以工作过程为导向"的课程改革要求，以典型任务为载体，从职业分析入手，切实贯彻"管用"、"够用"、"适用"的教学指导思想，把理论教学与技能训练很好地结合起来，并按技能层次分模块逐步加深液压与气动传动相关内容的学习和技能操作训练。本书较多地编入新技术、新设备、新工艺的内容，还介绍了许多典型的应用案例，便于读者借鉴，以缩短学校教育与企业需求之间的差距，更好地满足企业用人的需求。

本书可作为高职高专院校、技师学院、技工及高级技工学校、中等职业学校模具相关专业的教材，也可作为企业技师培训教材和相关设备维修技术人员的自学用书。

本书的编写符合职业学校学生的认知和技能学习规律，形式新颖，职教特色明显；在保证知识体系完备，脉络清晰，论述精准深刻的同时，尤其注重培养读者的实际动手能力和企业岗位技能的应用能力，并结合大量的工程案例和项目来使读者更进一步灵活掌握及应用相关的技能。

● **本书内容**

本书共分为 2 篇，10 个模块，26 个任务，内容由浅入深，全面覆盖了液压与气动传动知识及相关的操作技能，突出液压与气压传动在模具制造中的典型应用等重要环节。主要包括液压传动基础知识、液压传动动力元件、液压传动执行元件、液压传动控制元件、液压传动辅助元件、液压传动系统的基本回路、典型液压回路的分析及液压传动系统的维护、气压传动概述及气动元件、气压传动控制元件及控制回路、典型气压传动系统及常见故障排除等内容。本书附录还收集了常用液压传动及气压传动的元件图形和符号供读者参考。

● **配套教学资源**

本书提供了配套的立体化教学资源，包括专业建设方案、教学指南、电子教案等必需的文件，读者可以通过华信教育资源网（www.hxedu.com.cn）下载使用或与电子工业出版社联系（E-mail：yangbo@phei.com.cn）。

● **本书主编**

本书由湘潭技师学院周青山主编，湘潭技师学院张丽副主编，湘潭大学龙涛等参与编写。由于时间仓促，作者水平有限，书中错漏之处在所难免，恳请广大读者批评指正。

● **特别鸣谢**

特别鸣谢湖南省人力资源和社会保障厅职业技能鉴定中心、湖南省职业技术培训研究室对本书编写工作的大力支持，并同时鸣谢湖南省职业技能鉴定中心（湖南省职业技术培训研究室）史术高、刘南对本书进行了认真的审校及建议。

主编

2013 年 3 月

目　　录

第一篇　液压传动技术

模块一　液压传动基础知识 ·· 2
　　任务一　液压传动系统的认识 ·· 2
　　任务二　液体力学的基本知识 ·· 7

模块二　液压传动动力元件 ·· 15
　　任务三　液压传动动力元件的认识 ··· 15
　　任务四　液压机动力元件的选择 ·· 21
　　任务五　润滑装置动力元件的选择 ··· 26

模块三　液压传动执行元件 ·· 33
　　任务六　液压缸的结构 ··· 33
　　任务七　压力机执行元件的选择 ·· 41
　　任务八　平面磨床执行元件的选择 ··· 49

模块四　液压传动控制元件 ·· 54
　　任务九　方向控制阀 ·· 54
　　任务十　压力控制阀 ·· 63
　　任务十一　流量控制阀 ··· 69

模块五　液压传动辅助元件 ·· 78
　　任务十二　辅助元件的结构及应用 ··· 78

模块六　液压传动系统的基本回路 ·· 91
　　任务十三　换向和锁紧回路的原理及应用 ·· 91
　　任务十四　压力控制回路的原理及应用 ··· 97
　　任务十五　速度控制回路的原理及应用 ··· 104

模块七　典型液压回路的分析及液压传动系统的维护 ··· 113

任务十六　YA32-200 型四柱万能液压机液压系统的分析 113
任务十七　SZ-250 型塑料注射成形机液压系统的分析 117
任务十八　液压传动系统常见故障及排除方法 123

第二篇　气压传动技术

模块八　气压传动概述及气动元件 128
　任务十九　气压传动系统的认识 128
　任务二十　气压传动执行元件 134

模块九　气压传动控制元件及控制回路 143
　任务二十一　方向控制元件及方向控制回路 143
　任务二十二　压力控制元件及压力控制回路 148
　任务二十三　速度控制元件及速度控制回路 155
　任务二十四　逻辑控制元件及逻辑控制回路 161

模块十　典型气压传动系统及常见故障排除 167
　任务二十五　典型气压传动系统分析 167
　任务二十六　气压传动系统常见故障及排除方法 170

附录　常用液压传动及气压传动元件图形符号（摘自 GB/T 786.1—1993） 175
参考文献 182

第一篇 液压传动技术

模块一　液压传动基础知识

任务一　液压传动系统的认识

 学习内容

基础知识
1. 液压传动系统的基本原理
2. 液压传动系统的组成
3. 液压传动系统的应用

基本技能
能正确区分液压传动系统的各组成部分

 学习目的

1. 了解液压传动系统的基本原理和液压传动系统的种类及组成
2. 熟悉液压传动系统在工业生产中的应用
3. 能正确区分液压传动系统的各组成部分

一、任务描述

图 1-1（a）所示为工业生产中的压力机，它是由液压传动系统控制其主轴工作；图 1-1（b）所示为建筑工地常见的推土机，它也是由液压传动系统控制其推土工作。在上述的工作中都是由液压传动系统来控制的，那么，什么是液压传动系统？液压传动系统是如何对机器进行控制的？

（a）压力机　　　　　　　　　　（b）推土机

图 1-1　应用液压传动技术的机械设备

二、任务分析

在上述任务中,要了解什么是液压传动系统,液压传动系统是如何对机器工作进行控制的,就要了解液压传动系统的工作原理是什么?液压传动系统是由哪些部分组成的?下面我们先来认识一下液压传动系统。

三、任务完成

1. 液压传动系统的工作原理

液压传动在工程机械中被广泛运用,各种液压传动系统的结构形式虽然各不相同,但是工作原理相似。图 1-2 所示为机床工作台往复运动的液压传动系统工作原理图,图 1-2(a)所示为为结构原理图,图 1-2(b)所示为用图形符号表示的原理图。我们来分析、说明其液压传动系统的工作原理。

由图 1-2 可知,液压泵 3 由电动机带动,从油箱 1 中吸油,然后将具有压力的油液输送到管路中,油液通过节流阀 6 和管道流至换向阀 7。换向阀 7 有不同的工作位置,因此通路情况不同,工作台的工作情况也就不同。当换向阀阀芯处于图示位置时,通向液压缸的油路被堵死,液压缸不通压力油,所以工作台停止不动。当换向阀阀芯向右推,压力油流入液压缸 8 的右腔,与工作台 10 相连的活塞在液压缸的右腔压力油的推动下带动工作台向左移动;液压缸左腔的液压油通过换向阀 7 流回油箱。同理,如果将换向阀阀芯左推,压力油流入液压缸 8 的左腔,活塞带动工作台向右移动。因此,调整换向阀 7 的工作位置就能改变压力油的通路,使液压缸不断换向,以实现工作台的往复运动。

根据加工要求的不同,工作台的移动速度可以根据节流阀 6 来调节,也就是利用改变节流阀开口的大小来调节通过节流阀的流量,以控制工作台的运动速度。

工作台运动时,由于工作情况的不同,克服的阻力也不同,不同的阻力都是由液压泵输出油液的压力能来克服,系统的压力可以由溢流阀 5 来调整。当系统中的油压升高到高于溢流阀调定的压力时,溢流阀就会打开,油液流回油箱,这时油压不再升高,维持定值。

为了保持油液的清洁,设置了过滤器 2,将油液中的杂质过滤掉,使系统能正常工作。

通过以上分析,可以知道液压传动的工作原理:以油液作为工作介质,通过密封的容积变化来传递运动,通过油液内部的压力来传递动力。

2. 液压传动系统的组成

从以上例子可以看出,一个完整的液压传动系统主要由以下几个部分组成。

(1)动力装置

动力装置是将原动机的机械能转化成液压能的装置,它是液压系统的动力源。对液压系统来说是液压泵,其作用是为液压系统提供压力油。如图 1-2 所示的 3—液压泵。

(2)执行元件

执行元件是指液压缸或电动机,是将压力能转换为机械能的装置。其作用是在工作介质的作用下输出力和速度(或转矩和转速),以驱动工作机构做功。如图 1-2 所示的 8—液压缸。

（3）控制调节装置

控制调节装置包括各种阀类元件，如图1-2所示的5—溢流阀、6—节流阀、7—换向阀等。其作用是控制工作介质的流动方向、压力和流量，以保证执行元件和工作机构按要求工作。

（4）辅助装置

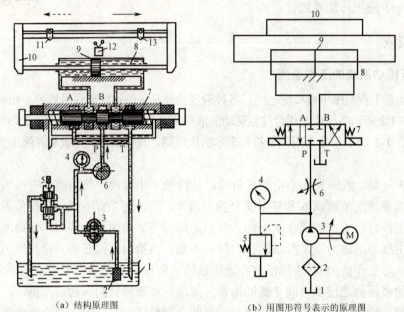

(a) 结构原理图　　　　　　　　　　(b) 用图形符号表示的原理图

1—油箱；2—过滤器；3—液压泵；4—压力表；5—溢流阀；6—节流阀；7—换向阀；8—液压缸；9—活塞；10—工作台；11、13—挡铁；12—行程开关

图1-2　工作台往复运动的液压传动系统工作原理图

除以上装置外的其他元件都称为辅助装置，如图1-2所示的1—油箱、2—过滤器及系统中的蓄能器、冷却器、管件、管接头等，它们是一些对完成主运动起辅助作用的元件，在系统中也是必不可少的，对保证系统正常工作有很重要的作用。

（5）工作介质

工作介质指传动液体，液压系统中通常称为液压油。

3．液压传动系统的特点

液压传动系统相对机械传动和其他传动系统比较，有其显著的特点。

1）液压传动系统的优点

（1）由于液压传动系统的各组成部分是通过油管连接，所以借助油管的连接可以方便灵活地布置传动机构。这是比机械传动具有明显优势的地方。例如，在井下抽取石油的泵可采用液压传动来驱动，以克服长驱动轴效率低的缺点。由于液压缸的推力很大，又加之极易布置，在挖掘机等重型工程机械上，已基本取代了老式的机械传动，不仅操作方便，而且外形美观大方。

（2）液压传动装置的重量轻、结构紧凑、惯性小。例如，相同功率液压马达的体积为电动机的12%～13%。

（3）可在大范围内实现无级调速。借助阀或变量泵、变量马达，可以实现无级调速，调速范围可达 1：2000，并可在液压装置运行的过程中进行调速。

（4）传递运动均匀平稳，工作时速度在负载变化下较稳定。正因为此特点，在金属切削机床中，磨床工作台的往复运动现在几乎都采用液压传动。

（5）液压装置易于实现过载保护。借助于设置溢流阀等过载保护装置，可使液压传动系统实现过载保护。同时液压件能自行润滑，因此使用寿命长。

（6）液压传动容易实现自动化。借助于各种控制阀，特别是采用液压控制和电气控制结合使用时，能很容易地实现复杂的自动工作循环，而且可以实现遥控。

（7）液压元件已实现了标准化、系列化和通用化，便于设计、制造和推广使用。

2）液压传动的缺点

（1）液压系统中的漏油等因素，影响运动的平稳性和正确性，使得液压传动不能保证严格的传动比。

（2）液压传动对油温的变化比较敏感，温度变化时，液体黏性变化，引起运动特性的变化，使得工作的稳定性受到影响，所以它不宜在温度变化很大的环境条件下工作。

（3）为了减少泄漏，以及为了满足某些性能上的要求，液压元件的配合件制造精度要求较高，加工工艺较复杂。

（4）液压传动要求有单独的能源，不像电源那样使用方便。

（5）液压系统发生故障时检查和排除较为困难。

总之，液压传动的优点是主要的，随着设计制造和使用水平的不断提高，有些缺点正在逐步加以克服。液压传动有着广泛的发展前景。

四、知识拓展

液压传动的发展概述

自 18 世纪末英国制造世界上第一台水压机以来，液压传动技术已有二百多年的历史。直到 20 世纪 30 年代它才较普遍地用于起重机、机床及工程机械。在第二次世界大战期间，由于战争需要，出现了由响应迅速、精度高的液压控制机构所装备的各种军事武器。第二次世界大战结束后，液压技术迅速转向民用工业，不断应用于各种自动机及自动生产线。

20 世纪 60 年代以后，液压技术随着原子能、空间技术、计算机技术的发展而迅速发展。当前液压技术正向迅速、高压、大功率、高效、低噪声、经久耐用、高度集成化的方向发展。同时，新型液压元件和液压系统的计算机辅助设计（CAD）、计算机辅助测试（CAT）、计算机直接控制（CDC）、机电一体化技术、可靠性技术等方面也是当前液压传动及控制技术发展和研究的方向。

我国的液压技术最初应用于机床和锻压设备上，后来又用于拖拉机和工程机械。现在，我国的液压元件随着从国外引进一些液压元件、生产技术及进行自行设计，现已形成了系列，并在各种机械设备上得到了广泛的使用。

液压传动技术在机械中的应用

驱动机械运动的机构，以及各种传动和操纵装置有多种形式。根据所用的部件和零件，可分为机械的、电气的、气动的、液压的传动装置。经常还将不同的形式组合起来运用——

四位一体。由于液压传动具有很多优点，使这种新技术发展很快。特别是最近二、三十年以来，液压技术在金属切削机床、工程机械和航空工业等领域的应用越来越广泛。

在机床上，液压传动常应用在以下的一些装置中：

（1）主运动和进给运动传动装置。如磨床砂轮架和工作台的进给运动；车床、六角车床、自动车床的刀架或转塔刀架；铣床、刨床、组合机床的工作台等的进给运动也都采用液压传动。这些部件有的要求快速移动，有的要求慢速移动。有的则既要求快速移动，也要求慢速移动。这些运动多半要求有较大的调速范围，要求在工作中无级调速；有的要求持续进给，有的要求间歇进给，有的要求在负载变化下速度恒定，有的要求有良好的换向性能等。所有这些要求都是通过液压传动来实现的。

（2）往复主运动传动装置。如龙门刨床的工作台、牛头刨床或插床的滑枕等，由于要求作高速往复直线运动，并且要求在换向时冲击小、换向时间短、能耗低，因此都可以采用液压传动。

（3）仿形装置。如车床、铣床、刨床上的仿形加工可以采用液压伺服系统来完成。其精度可达 0.01～0.02mm。此外，磨床上的成形砂轮修正装置也可采用这种系统。

（4）辅助装置。如机床上的夹紧装置、齿轮箱变速操纵装置、丝杆螺母间隙消除装置、垂直移动部件平衡装置、分度装置、工件和刀具卸装置、工件输送装置等，采用液压传动后，有利于简化机床结构，提高机床自动化程度。

（5）静压支撑装置。如重型机床、高速机床、高精度机床上的轴承、导轨、丝杠螺母机构等采用液体静压支撑后，可以提高工作平稳性和运动精度。

练习与思考

1. 液压传动系统由哪几部分组成？各部分的作用是什么？
2. 液压传动的主要优缺点有哪些？
3. 图 1-3 所示为液压千斤顶的工作原理示意图。它只需施加很小的力 F 就能顶起很重的物品。试分析其工作原理及各部分的作用。

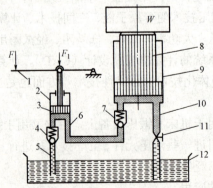

1—杠杆手柄；2—小油缸；3—小活塞；4、7—单向阀；5—吸油管；6、10—管道；
8—大活塞；9—大油缸；11—截止阀；12—油箱

图 1-3　液压千斤顶工作原理示意图

模块一 液压传动基础知识

任务二 液体力学的基本知识

 学习内容

基本知识
1. 液体静压力的定义
2. 液压静力学基础
3. 液压油的主要性质、特点和选用

基本技能
根据液压油的特点正确区分和选用液压油

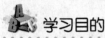 学习目的

1. 了解液体静压力的定义和液压静力学的基础知识
2. 熟悉液压油的主要性质和特点
3. 能正确区分液压油的品种,掌握液压油的选用

一、任务描述

如图 1-4 所示,当施加一个相对较小的力 F 时,借助于液体的压力和不同的受压面积 ($D>d$) 可以将右边的重物 G 举起来。那么,要完成上述操作需要满足什么样的条件?要用多大的力 (F)?

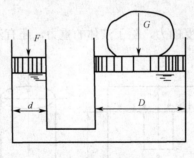

图 1-4 液压传动实例

二、任务分析

由图 1-4 可知,利用液压能可以在施加一个相对较小的力时,能够举起很重的物体。要完成这样的力的传递,液压系统就必须将相对较小的力进行放大。那么液压系统是如何将较小的力转化为较大的力的呢?液压系统中依靠液压油来传递力,那么对于液压油的选择又有什么要求呢?

三、任务完成

1. 液压静力学基础

1) 液体的静压力

(1) 液体静压力的定义

液体静压力是指液体处于静止状态时,液体单位面积上所受的法向作用力。这一定义在物理学中称为压强,在液压传动中简称压力。静压力可以表示为

$$p = \frac{F}{A} \tag{1-1}$$

式中　p ——指静压力;

F ——指法向作用力;

A ——指作用面积。

压力的法定单位为牛顿/米^2（N/m^2）,称为帕斯卡,简称帕（Pa）,在工程上还经常用到兆帕（MPa）和巴（bar）这两个单位。

液体静压力有如下特性:

① 沿着内法线垂直作用于作用面;

② 在静止液体内,任一点所受各个方向的压力都相等。

从上述结论可以推出:静止液体总是处于受压状态。

液体压力通常有绝对压力、相对压力和真空度三种表示方法:

以绝对真空作为基准所表示的压力称为绝对压力。以大气压力作为基准所表示的压力称为相对压力。当绝对压力小于大气压时,比大气压力小的那部分数值称为真空度。绝对压力总是正值,而表压力则可正可负也可为零。当表压力为正时,表示所测压力比大气压大;为负时,表示所测压力比大气压小。

(2) 静压力的基本方程

在重力的作用下静止液体受的力,除了液体的重力,还有液面上作用的外加压力,受力情况如图 1-5 所示。

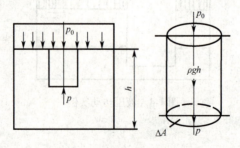

图 1-5　液体受力情况

已知容器内液体密度为 ρ,且液体处于静止状态,液面上承受压力为 p_0,液柱处于受力平衡状态,因此,可以得出如下关系,即

$$P = p_0 + \rho g h \tag{1-2}$$

式（1-2）上式为液体的静压力基本方程式，从式（1-2）我们可得

① 静止液体内任一点处的压力是液面上的压力 p_0 和液体自重所产生的压力 $\rho g h$ 之和。当液面只受大气压力 p_a 作用时，则液体内任一点处的压力为

$$P = p_a + \rho g h \tag{1-3}$$

② 静止液体内的压力随着液体深度 h 的增加线性地增加。

③ 深度相同的各点压力相等，这些压力相等的点组成了等压面，很显然，在重力作用下，静止液体的等压面为一水平面。

（3）帕斯卡原理

在密闭容器中，由外力产生的压力将等值地传递到液体内部各点，这就是帕斯卡原理，也称静压力传递原理。

液压系统中静止液体内的压力处处相等。也可以做这样的结论：液体内的压力是由外界负载作用形成的，即液压系统的工作压力取决于负载。

例：图 1-4 所示为两个相互连通的液压缸，如果已知大缸内径 $D=100$mm，小缸内径 $d=20$mm，大活塞上所放置物体质量 5000kg。问在小活塞上施加的力 F 为多大时，才能够使大活塞顶起重物？

解：设小活塞面积为 A_1，大活塞面积为 A_2，根据帕斯卡原理，由静压力的特性和定义可知

$$\frac{F}{A_1} = \frac{G}{A_2}$$

所以

$$F = \frac{G \times A_1}{A_2} = \frac{Gd^2}{D^2} = \frac{5000 \times 9.8 \times 20^2}{100^2} = 1960\text{N}$$

由此计算，我们可以看出，根据静压力可以传递的原理，我们可以用一个很小的力，举起一个很重的物体，而且大、小活塞面积比越大，就越省力。这也是我们常用的液压千斤顶的工作原理。

（4）液体对固体壁面的作用力

液体和固定表面相接触时，固体表面将受到液压力的作用。当固体表面为一平面时，液体在该表面上的总作用力 F 等于液体的压力 P 与承受面积 A 的乘积，即 $F=PA$；若如图 1-6 所示，液体传递的压力该怎么计算呢？

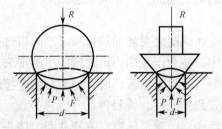

图 1-6　液体作用在曲面上的力

要计算球面和圆锥面在垂直方向的总作用力 F，只需要先计算出两个面在该方向上的投

影面积大小,再与压力相乘即可。两个曲面在该方向上的投影面积为一直径为 d 的圆,故其总作用力 F 为

$$F = PA = P\frac{\pi d^2}{4} \tag{1-4}$$

所以,由上式可知:只要投影面积不变,不管曲面如何变化,则其计算结果将是一致的。

2. 液压静力学基础

1)理想液体和稳定流动

把既无黏性又不可压缩的假想液体称为理想液体,而把事实上存在的具有黏性又可压缩的液体称为实际液体。

液体流动时,若液体中任一点处的压力、速度和密度都不随时间变化,这种流动称为稳定流动(也称恒定流动或定常流动)。反之,若任一点处的压力、速度或密度中有一个或多个随时间变化,则称为非稳定流动。

2)通流截面、流量和平均流速

通流截面(A):液体在管道中流动时,将垂直于液体流动方向的截面称为通流截面或过流截面。通常用 A 表示,单位为 m^2。

流量(q):单位时间内流过某一通流截面的液体体积称为流量,用 q 表示,单位为 m^3/s、L/min 和 mL/min。

平均流速(v):液体在管道中流动时,由于具有黏性,在同一截面上各点的流动速度是不相同的。根据平均流速的定义,可以推导出其计算公式为

$$v = \frac{q}{A} \tag{1-5}$$

由上式(1-5)可知:活塞的运动速度取决于输入液压缸的流量。

3)液体的实际流态

实验表明,在液体流动的过程中,存在着多种不同的流动状态。经过大量的实验表明,基本上可以把液体的流动状态分为三类:

层流:液体流动时是分层的,层与层之间的流动互不干扰,只有横向运动,没有纵向交错。

紊流:液体流动时液流完全紊乱,既有横向运动,也有纵向交错。

过渡流态:处于层流和紊流之间的一种中间状态。

4)压力损失

流动的液体具有黏性,液体流动时突然的转弯和通过阀口时会产生相互的撞击和出现漩涡。因此,液体在管道流动中必然会产生阻力,造成能量的损失。具体可分为两种:

沿程压力损失:液体在等直径直管中流动时,由于黏性摩擦产生的压力损失,主要取决于液体的流动速度、黏性和管路的长度、管径等。

局部压力损失:液体流经阀口、管道转弯、突变截面、接头等处,由于流动速度和方向发生剧烈变化而造成的损失。

系统中总的压力损失等于所有沿程压力损失和所有局部压力损失之和。

为了减少压力损失，通常采取下列措施：

（1）控制好油液流动速度。油液流速过高压力损失严重，过低则会增大管路直径和各种元器件的尺寸。

（2）管道内部应尽量光滑，降低各种元器件表面粗糙度。

（3）密封元件的性能良好。

（4）油液黏度适当。黏度过高会增加摩擦，过低则会加大泄漏。

（5）尽量减少管道长度，尽量避免弯道和管路直径的急剧变化。

3. 液压油

1）液压油的主要性质

液压油是传递动力和运动的工作介质，了解液压油的基本性质，对于正确理解液压传动原理与规律，正确使用液压系统，都是非常必要的。

（1）密度：单位体积液体的质量称为该液体的密度。

密度是液体的一个重要参数。随着温度或压力的变化，其密度也会发生变化，但变化量一般很小，在实际应用中一般可以忽略不计。

（2）可压缩性：液体受压力作用从而发生体积变小的性质称为液体的可压缩性。

对于一般的液压系统，可认为液压油是不可压缩的。但需要说明的是，当液压油中混入空气时，其压缩性将明显增加，影响到液压系统的工作性能。因此，液压系统中必须尽量减少油液中的空气含量。

（3）黏性：液体在外力作用下流动时，分子间的内聚力要阻止分子间的相对运动，因而产生一种内摩擦力，这一特性称为液体的黏性。

液体黏性的大小用黏度来表示，常用的黏度有三种：

① 动力黏度：又称绝对黏度，是用液体流动时所产生的内摩擦力大小来表示的黏度，用 μ 表示。法定计量单位是 Pa·s（帕·秒，$N·s/m^2$）。

② 运动黏度：液体的动力黏度 μ 和它的密度 ρ 的比值，称为运动黏度，用 ν 表示。法定计量单位是 m^2/s。ISO（国际标准组织）规定统一采用运动黏度来表示油的黏性。

③ 相对黏度：相对黏度又称条件黏度，是以相对于蒸馏水的黏性的大小来表示液体的黏性的。

黏性是选择液压油的一个重要参数。影响液体黏性的主要因素有两个：

温度：液压油的黏度对温度的变化十分敏感。温度升高时，液体黏度显著下降；反之，其黏度升高。国际上一般采用黏度指数 μ_i 来衡量油液黏温特性的好坏，μ_i 值越大，表示该油液的黏温特性越好。一般要求液压油的 μ_i 值在 90 以上，优异的要在 100 以上。

压力：当液体所受压力增大时，分子之间的距离缩小，内聚力增大，黏度也随着增大。一般情况下，压力对黏度的影响比较小，在中低压系统（一般认为在 5MPa 以下），可以忽略不计。

2）液压油的主要用途

（1）传递运动和动力：将泵的机械能转换成液压能并传至系统各处。

（2）润滑：液压油具有一定的润滑性能，可以降低系统中各元器件的磨损。

（3）冷却：系统中由于摩擦的存在，在运动过程中产生热量。液压油可以带走这些热量，稳定系统。

（4）密封：由于黏性的存在，液压油可以对细小的间隙起密封的作用。

3）液压油的分类及特性要求

液压油的种类很多，分类的方法各异。表 1-1 所示为液压油的主要品种及特性和用途。液压油采用统一的命名方式，一般形式如下：

类　　品种　　数字
L　　HV　　22

式中　L——类别（润滑剂及相关产品）；

　　　HV——品种（低温抗磨）；

　　　22——牌号（黏度级）。

液压系统对油液的基本要求：

（1）适当的黏度，良好的黏温特性。

（2）化学稳定性能良好，在储藏和使用过程中抗氧化不易变质。

（3）润滑性能好，具有较高的油膜强度。

（4）质地纯净、杂质含量少，有一定的防锈和防腐性。

（5）抗泡沫性好，比热、热传导率大。

（6）闪点高，流动点和凝固点低。

（7）无毒性，价格便宜。

4）液压油的选择

各类常用机械设备的液压系统绝大多数采用石油型液压油。先选择了液压油的品种，然后再确定黏度范围。确定时可遵循以下两个原则：

（1）系统工作压力高、环境温度高，宜选用黏度较高的油液以减少泄漏。

（2）工作部件运动速度快，宜选用黏度较低的油液以减少摩擦损失。

表 1-1　液压油的主要品种及特性和用途

类型	名称	ISO 代号	特性和用途
矿油型	普通液压油	L-HL	精制矿油加添加剂，提高抗氧化和防锈性能，适用于室内一般设备的中低压系统
	抗磨液压油	L-HM	L-HL 油加添加剂，改善抗磨性能，适用于工程机械，车辆液压系统
	低温液压油	L-HV	L-HM 油加添加剂，改善黏温特性，适用于环境温度在 $-20°\sim-40°$ 的高压系统
	高黏度指数液压油	L-HR	L-HL 油加添加剂，改善黏温特性，VI 值达 175 以上，适用于对黏温特性有特殊要求的低压系统，如数控机床液压系统
	液压导轨油	L-GH	L-HM 油加添加剂，改善黏温特性，适用于机床中液压和导轨润滑合用的系统
	全损耗系统用油	L-HH	浅度精制矿油，抗氧化性、抗泡沫性较差，主要用于机械润滑，可作液压代用油，适用于要求不高的低压系统
	汽轮机用油	L-TSA	深度精制矿油加添加剂，改善抗氧化性、抗泡沫等性能，为汽轮机专用油，可作液压代用油，适用于一般液压系统

续表

类型	名称	ISO 代号	特性和用途
乳化型	水包油乳化液	L-HFA	又称高水基液，特点是难燃，黏温特性好，有一定的防锈能力，润滑性差，易泄漏，适用于有抗燃要求、油液用量大且泄漏严重的场合
乳化型	油包水乳化液	L-HFB	既具有矿油型液压油的抗磨、防锈性能，又具有抗燃性，适用于有抗燃要求的中压系统
合成型	水—乙二醇液	L-HFC	难燃，黏温特性和抗蚀性好，能在-30°～60°温度下使用，适用于有抗燃要求的中性能低压系统
合成型	磷酸酯液	L-HFDR	难燃、润滑、抗磨和抗氧化性能好，能在-54°～135°温度范围内使用，缺点是有毒，适用于有抗燃要求的高压精密液压系统

四、知识拓展

液压冲击

在液压系统中，由于某种原因造成液体压力在某一瞬间急剧上升，形成很高的压力峰值，这种现象称为液压冲击。

1．产生液压冲击的原因

（1）在液流突然停止运动时。

（2）急速改变运动部件的速度。

（3）由于液压系统中某些元件反应动作不够灵敏，也会造成液压冲击。

2．液压冲击的危害

液压冲击会引起设备振动和噪声，损坏液压元件、密封装置，甚至使油管破裂，系统中的某些元件也可能产生误动作，造成事故。

3．减少液压冲击的措施

（1）延长阀门开、关和运动部件制动、换向的时间。

（2）限制管道流速及运动部件速度。

（3）安装管道时，需要转弯时应尽量增大弯道半径，一般应是管道直径的三倍以上。

（4）适当加大管道直径，尽量缩短管路长度。必要时，可在冲击区附近安装蓄能器等缓冲装置来达到此目的。

（5）采用软管，以增加系统的弹性。

气穴现象

在液压系统中，如果某处的压力值低于空气分离压力时，原先溶解在液体中的空气就会分离出来，导致液体中出现大量气泡，这种现象称为气穴现象。

1．产生气穴现象的危害

产生气穴现象会使运动部件出现爬行现象，产生局部液压冲击，发出噪声并引起振动，产生气蚀现象等。

2．产生气穴现象的原因

气穴现象多发生在阀口和液压泵的入口处。由于阀口的通道狭窄，液流速度增大，造成压力大大下降,以致产生气穴。当泵的安装高度过大,吸油管直径太小,吸油阻力太大或泵的转速过高,造成入口处真空度过大,也会产生气穴。

3. 减少气穴现象通常采取下列措施

(1) 液压泵的吸油管管径不能过小,并应限制液压泵吸油管中油液的流速,降低吸油高度。

(2) 液压泵转速不能过高,以防吸油不充分。

(3) 管路尽量平直,避免出现急转弯及狭窄处。

(4) 节流口压力降要小,一般控制节流口前后压力比不大于 3.5。

(5) 管路密封要好,防止空气渗入。

(6) 为了提高零件的抗气蚀能力,可采用抗气蚀能力强的金属材料(如青铜抗气蚀能力强,而铸铁比较弱),并降低零件表面粗糙度。

 练习与思考

1. 什么是压力?静止液体内的压力是如何传递的?
2. 要减少系统压力损失应采取哪些措施?
3. 液压系统对油液特性有哪些基本要求?液压油的选择原则是什么?
4. 管道中的压力损失有哪几种?各受哪些因素影响?
5. 简述层流与紊流的物理现象及其判别方法。
6. 某液压油的运动黏度为 32mm^2/s,密度为 900kg/m^3,其动力黏度是多少?

模块二　液压传动动力元件

任务三　液压传动动力元件的认识

 学习内容

基本知识
1. 液压泵的工作原理
2. 液压泵的性能参数
3. 液压泵的分类

基本技能
能正确分析液压泵的工作原理，掌握液压泵的分类

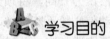 学习目的

1. 掌握液压泵工作原理的分析方法和液压泵的分类
2. 了解液压泵的性能参数的计算

一、任务描述

图 2-1 所示为小型的液压剪切机，利用液压装置来剪切材料，其中整个剪切动作都是由液压缸带动剪切板向下运动实现的。那么如何使剪切板向下运动来实现这一动作呢？通过什么元件来实现呢？如何选择这些元件呢？

二、任务分析

分析上述任务，要使剪切板向下运动必须使液压缸进压力油，使压力克服材料的反向力，同时要求输入的压力油的压力足够大。在液压系统中动力元件起着向系统提供动力源的作用，是系统不可缺少的核心元件，液压系统中的动力元件指的就是液压泵。

液压泵是将原动机输出的机械能转换为压力能，是一种能量转换装置。液压泵有很多种，下面我们就来学习一下液压泵的相关知识。

图 2-1 液压剪切机

三、任务完成

1. 液压泵的工作原理

图 2-2 所示为一单柱塞液压泵的工作原理,图中柱塞 2 装在缸体 3 中形成一密封油腔容积 a,柱塞在弹簧 4 的作用下始终压紧在偏心轮 1 上。当电动机驱动偏心轮旋转时,柱塞便在缸体中作往复运动,使得密封油腔 a 的容积大小随之发生周期性的变化。当柱塞外伸,密封油腔 a 由小变大,局部形成真空,油箱中的油液在大气压的作用下,经吸油管顶开吸油单向阀 6 进入 a 腔而实现吸油,此时排油单向阀 5 在系统管道油液压力作用下关闭;反之,当柱塞被偏心轮压进缸体时,密封油腔 a 由大变小时,a 腔中吸满的油液压力升高,将顶开压油单向阀 5 流入系统而实现压油,此时吸油单向阀 6 关闭。原动机驱动偏心轮不断旋转,液压泵就不断地吸油和压油。液压泵排出油液的压力取决于油液流动需要克服的阻力,排出油液的流量取决于密封腔容积变化的大小和速率。

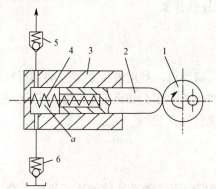

1—偏心轮;2—柱塞;3—缸体;4—弹簧;5—排油单向阀;6—吸油单向阀;a—密封油腔

图 2-2 单柱塞液压泵的工作原理

从上述液压泵的工作原理可以看出来,液压泵的基本工作条件如下:

(1)必须构成密封的容积,并且这个密封的容积在不断的变化中完成吸油和压油的过程。凡是利用密封容积变化来工作的泵都称为容积式泵,液压传动中所用的泵一般都是容积式液压泵。

模块二 液压传动动力元件

(2) 在密封容积增大的吸油过程当中,油箱必须与大气相通(或保持一定的压力)。这样,液压泵在大气压力的作用下将油吸入泵内,这是液压泵的吸油条件。在容积减小的压油过程当中,液压泵的压力决定于油液排出所遇的阻力,即液压泵的压力由外负载来决定,这是形成压力的条件。

(3) 应有配流装置。即在吸油过程中密封容积与油箱相通,同时切断供油道;在压油过程中,密封容积与供油道相通而与油箱切断。图 2-2 中的单向阀 5、6 又称配流装置。

2. 液压泵的性能参数

液压泵的性能参数主要有压力、转速、排量、流量、功率、效率。

1) 液压泵的压力(常用单位为 MPa)

(1) 额定压力

在正常工作条件下,按试验标准规定连续运转所允许的最高压力。额定压力值与液压泵的结构形式及其零部件的强度、工作寿命和容积效率有关。在液压系统中,安全阀的调定压力要小于液压泵的额定压力。铭牌标注的就是此压力。

(2) 最高允许压力

是指泵短时间内所允许超载使用的极限压力,它受泵本身密封性能和零件强度等因素的限制。

(3) 工作压力 p

液压泵在实际工作时的输出压力,也就是液压泵出口的压力,泵的输出压力由负载决定。当负载增加,输出压力就增大;负载减小,输出压力就降低。

(4) 吸入压力

吸入压力指液压泵进口处的压力。自吸式泵的吸入压力低于大气压力,一般用吸入高度衡量。当液压泵的安装高度太高或吸油阻力过大时,液压泵的进口压力将因低于极限吸入压力而导致吸油不充分,而在吸油腔产生气穴或气蚀。吸入压力的大小与液压泵的结构形式有关。

2) 液压泵的转速(常用单位为 r/min)

液压泵的转速是指液压泵输入轴的转速。

(1) 额定转速 n。在额定压力下,根据试验结果推荐能长时间连续运行并保持较高运行效率的转速。

(2) 最高转速 n_{max}。在额定压力下,为保证使用寿命和性能所允许的短暂运行的最高转速。其值主要与液压泵的结构形式及自吸能力有关。

(3) 最低转速 n_{min}。为保证液压泵可靠工作或运行效率不致过低所允许的最低转速。

3) 液压泵的排量及流量

(1) 排量 V(m^3/r,常用单位为 mL/r)

在不考虑泄漏的情况下,液压泵主轴每转一周,所排出的液体的体积称为排量,又称理论排量、几何排量。

(2) 理论流量 q_t(m^3/s,常用单位为 L/min)

在不考虑泄漏的情况下,液压泵在单位时间内所排出的液体的体积称为理论流量,工程上又称空载流量。
$$q_t = nV \tag{2-1}$$
式中　q_t——液压泵的理论流量（m³/s）；

　　　n——液压泵的额定转速（r/min）；

　　　V——液压泵的排量（m³/r）。

（3）实际流量 q

指实际运行时，在不同压力下液压泵所排出的流量。实际流量低于理论流量。

（4）额定流量 q_n

在额定压力、额定转速下，按试验标准规定必须保证的输出流量。

4）液压泵的功率

液压泵的输入功率为机械功率，以泵轴上的转矩 T 和角速度 ω 的乘积来表示。液压泵的输出功率为液压功率，以压力 p 和流量 q 的乘积来表示。

（1）输入功率 P_i

液压泵的输入功率是马达的输出功率，亦即实际驱动泵轴所需的机械功率，即
$$P_i = \omega T = 2\pi nT \tag{2-2}$$
式中　P_i——液压泵的输入功率（kW）；

　　　n——液压泵的转速（r/min）；

　　　T——液压泵的输入转矩（N·m）；

（2）输出功率 P_o

液压泵的输出功率 P_o 用其实际流量 q 和出口压力 p 的乘积表示
$$P_o = pq \tag{2-3}$$
式中　P_o——液压泵的输出功率（kW）；

　　　p——液压泵的出口压力（Pa）；

　　　q——液压泵的实际流量（m³/s）。

5）液压泵的效率

实际上，液压泵在能量转换过程中是有损失的，因此输出功率小于输入功率，两者之差即为功率损失。液压泵的功率损失有机械损失和容积损失，因摩擦而产生的损失是机械损失，因泄漏而产生的损失是容积损失。功率损失用效率来描述。

（1）机械效率 η_m

液体在泵内流动时，液体黏性会引起转矩损失，泵内零件相对运动时，机械摩擦也会引起转矩损失。机械效率 η_m 是泵所需要的理论转矩 T_t 与实际转矩 T 之比，即
$$\eta_m = \frac{T_t}{T} \tag{2-4}$$
式中　T_t——泵所需的理论转矩（N·m）；

　　　T——泵轴上的实际转矩（N·m）；

　　　η_m——液压泵的机械效率。

（2）容积效率 η_v

在转速一定的条件下，液压泵的实际流量与理论流量之比定义为泵的容积效率。即

$$\eta_v = \frac{q}{q_t} = \frac{q_t - \Delta q}{q_t} = 1 - \frac{\Delta q}{q_t} \tag{2-5}$$

式中 η_v ——液压泵的容积效率；

q ——液压泵的实际流量（m^3/s）；

q_t ——液压泵的理论流量（m^3/s）；

Δq ——液压泵的泄漏量（m^3/s），它是实际流量与理论流量之间的差值，即

$$\Delta q = q_t - q \tag{2-6}$$

由于泵内相对运动零件之间间隙很小，泄漏油液的流态是层流，所以液压泵的泄漏量和泵的工作压力 p 是线性关系。Δq 与泵的工作压力 p 是成正比的。Δq 随 p 的增大而增大，所以，q 会随 p 的增大而减小。

由此可以看出，在液压泵结构形式、几何尺寸确定后，液压泵的泄漏量大小主要取决于泵的出口压力，与液压泵的转速（对定量泵）或排量（对变量泵）无多大关系。因此，液压泵在低转速或小排量下工作时，其容积效率将会很低，以致无法正常工作。

（3）总效率 η

液压泵的总效率 η 为液压泵的输出功率与输入功率之比。液压泵的总效率 η 在数值上等于容积效率和机械效率的乘积。即

$$\eta = \eta_m \eta_v \tag{2-7}$$

式中 η ——液压泵的总效率；

η_m ——液压泵的机械效率；

η_v ——液压泵的容积效率。

液压泵的总效率、容积效率和机械效率可以通过实验测得。

各种液压泵的总效率 η 为

齿轮泵：0.6～0.8；

叶片泵：0.75～0.8；

柱塞泵：0.75～0.9。

3. 液压泵的分类

输油泵的分类是根据泵的排量、压力和结构来进行分类的。

（1）按其排量能否调节分为定量泵和变量泵；

（2）按其输油方向能否改变分为单向泵和双向泵；

（3）按其额定压力的高低分为低压泵、中压泵和高压泵。如低压齿轮泵（≤2.5MPa）、中压齿轮泵（≤8～16MPa）、高压齿轮泵（≤20～31.5MPa）；

（4）按其结构形式分为齿轮泵、叶片泵、柱塞泵和螺杆泵等。

每类泵中还有多种形式。如齿轮泵有外啮合式和内啮合式，叶片泵有单作用式和双作用式，柱塞泵有径向式和轴向式等。

液压泵的图形符号如图 2-3 所示。

(a) 单向定量液压泵　　(b) 单向变量液压泵　　(c) 双向定量液压泵　　(d) 双向变量液压泵

图 2-3　液压泵的图形符号

四、知识拓展

液压泵的噪声

液压传动同其他机械传动一样，在工作时会发出噪声，当噪声过大时对人体将产生伤害，因此，我们有必要了解液压传动系统中噪声的产生原因及控制方法。

1. 产生噪声的原因

液压泵的噪声大小和液压泵的种类、结构、大小、转速，以及工作压力等很多因素有关。

（1）泵的流量脉动和压力脉动造成泵构件的振动。这种振动有时还可能产生谐振。谐振频率可以是流量脉动频率的 2 倍、3 倍或更大，泵的基本频率及其谐振频率若和机械的或液压的自然频率相一致，则噪声便大大增加。研究结果表明，转速增加对噪声的影响一般比压力增加还要大。

（2）泵的工作腔由吸油腔突然与压油腔相通，或由压油腔突然与吸油腔相通时，产生的油液流量和压力突变，对噪声的影响甚大。

（3）空穴现象。当泵吸油腔中的压力小于油液所在温度下的空气分离压力时，溶解在油液中的空气要析出而变成气泡，这种带有气泡的油液进入高压腔时，气泡被击破，形成局部的高频压力冲击，从而引起噪声。

（4）泵内流道截面突然扩大或收缩、急拐弯、通道截面过小都会导致液体紊流、漩涡及喷流，使噪声加大。

（5）由于机械原因，如转动部分不平衡、轴承接触不良、泵轴的弯曲等机械振动引起的机械噪声。

2. 降低噪声的措施

（1）消除液压泵内部油液压力的急剧变化。
（2）为吸收液压泵流量及压力脉动，可在液压泵的出口装消音器。
（3）装在油箱上的泵应使用橡胶垫减振。

 练习与思考

1. 什么是容积式液压泵？它是怎样工作的？简述其工作原理。
2. 什么是液压泵的工作压力？它是由什么来决定的？
3. 液压泵的类型有哪些？是怎样分类的？
4. 某液压泵的输出油压 $p=10\text{MPa}$，转速 $n=1450\text{r/min}$，排量 $V=46.2\text{mL/r}$，容积效率 $\eta_v=0.95$，总效率 $\eta=0.9$。求液压泵的输出功率和驱动泵的电动机功率各为多大？

模块二 液压传动动力元件

任务四　液压机动力元件的选择

 学习内容

基本知识
1. 齿轮泵的工作原理
2. 齿轮泵的结构特点及分析
3. 齿轮泵的选用原则

基本技能
能根据齿轮泵的选用原则正确选用齿轮泵

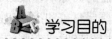 学习目的

1. 了解齿轮泵的工作原理和工作特性
2. 掌握齿轮泵的选用原则和应用方法

一、任务描述

在任务三中我们了解了液压泵的工作原理及性能参数，我们知道液压泵能提供系统所需要的压力，那么这些动力元件的结构是怎样的？对于液压机的液压泵应该怎么来选择？

二、任务分析

在压力机上液压泵将原动机（电动机或内燃机）输出的机械能转换为工作液体的压力能，是一种能量转换装置。液压泵有很多种，其中，齿轮泵结构简单、维护方便、造价低，对工作环境的适应性较好，而压力机上的液压泵要求维护和保养简单，成本低，所以齿轮泵能很好地满足其使用要求，为此这里选用齿轮泵作为动力元件。下面我们就来学习齿轮泵的相关知识。

三、任务完成

齿轮泵是液压系统中广泛采用的一种液压泵，它一般设计成定量泵。按结构不同，齿轮泵分为外啮合齿轮泵和内啮合齿轮泵，而以外啮合齿轮泵应用最广。它的主要特点是结构简单、制造方便，成本低，价格低廉，体积小，重量轻，自吸性能好，对油液污染不敏感和工作可靠等。被广泛的应用在低压系统当中。其主要缺点是流量和脉动大、噪声大、排量不可调节。下面以外啮合齿轮泵为例来进行齿轮泵的结构分析。

1. 齿轮泵的工作原理

图 2-4 所示为外啮合渐开线齿轮泵的结构简图。外啮合渐开线齿轮泵主要由一对几何参

数完全相同的主动齿轮 4 和从动齿轮 8、传动轴 6、泵体 3、前泵盖 5、后泵盖 1 等零件组成。图 2-5 所示为齿轮泵的外形和与电动机的连接图。

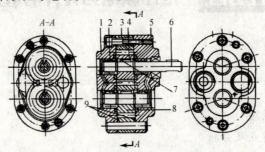

1—后泵盖；2—滚针轴承；3—泵体；4—主动齿轮；5—前泵盖；6—传动轴；7—键；8—从动齿轮；9—O 形密封圈

图 2-4　齿轮泵结构图

图 2-6 所示为外啮合齿轮泵的工作原理图。由于齿轮两端面与泵盖的间隙，以及齿轮的齿顶与泵体内表面的间隙都很小。因此，一对啮合的轮齿，将泵体、前后泵盖和齿轮包围的密封容积分隔成左、右两个密封工作腔。当原动机带动齿轮如图示方向旋转时，右侧的轮齿不断退出啮合，而左侧的轮齿不断进入啮合，因啮合点的啮合半径小于齿顶圆半径，右侧退出啮合的轮齿露出齿间，其密封工作腔容积逐渐增大，形成局部真空，油箱中的油液在大气压力的作用下经泵的吸油口进入这个密封油腔——吸油腔。随着齿轮的转动，吸入的油液被齿间转移到左侧的密封工作腔。左侧进入啮合的轮齿使密封油腔——压油腔容积逐渐减小，把齿间油液挤出，从压油口输出，压入液压系统。这就是齿轮泵的吸油和压油过程。齿轮连续旋转，泵连续不断地吸油和压油。齿轮啮合点处的齿面接触线将吸油腔和压油腔分开，起到了配油（配流）作用，因此不需要单独设置配油装置，这种配油方式称为直接配油。

图 2-5　齿轮泵外观及外连接图

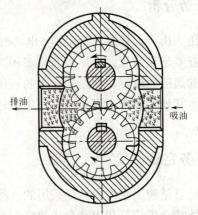

图 2-6　齿轮泵的工作原理图

2. 齿轮泵的结构特点分析

1）泄漏问题

齿轮泵中构成密封工作容积的零件要作相对运动，因此存在间隙。由于泵吸、压油腔之间存在压力差，其间隙必然产生泄漏，泄漏影响液压泵的性能。外啮合齿轮泵压油腔的压力油主要通过三条途径泄漏到低压腔。

(1) 泵体的内圆和齿顶径向间隙的泄漏

由于齿轮转动方向与泄漏方向相反，且压油腔到吸油腔通道较长，所以其泄漏量相对较小，占总泄漏量的 10%～15%。

(2) 齿面啮合处间隙的泄漏

由于齿形误差会造成沿齿宽方向接触不好而产生间隙，使压油腔与吸油腔之间造成泄漏，这部分泄漏量很少。

(3) 齿轮端面间隙的泄漏

齿轮端面与前后盖之间的端面间隙较大，此端面间隙封油长度又短，所以泄漏量最大，占总泄漏量的 70%～75%。由此可知，齿轮泵由于泄漏量较大，其额定工作压力不高，要想提高齿轮泵的额定压力并保证较高的容积效率，首先要解决沿端面间隙的泄漏问题。

2) 困油现象

为了保证齿轮传动的平稳性，保证吸压油腔严密地隔离以及齿轮泵供油的连续性，根据齿轮啮合原理，就要求齿轮的重叠系数 ε 大于 1（一般取 $\varepsilon=1.05\sim1.3$），这样在齿轮啮合中，在前一对齿轮退出啮合之前，后一对齿轮已经进入啮合。在两对齿轮同时啮合的时段内，就有一部分油液困在两对齿轮所形成的封闭油腔内，既不与吸油腔相通也不与压油腔相通。这个封闭油腔的容积，开始时随齿轮的旋转逐渐减少，以后又逐渐增大，如图 2-7 所示，封闭油腔容积减小时，困在油腔中的油液受到挤压，并从缝隙中挤出而产生很高的压力，使油液发热，轴承负荷增大；而封闭油腔容积增大时，又会造成局部真空，产生气穴现象。这些都将使齿轮泵产生强烈的振动和噪声，这就是困油现象。

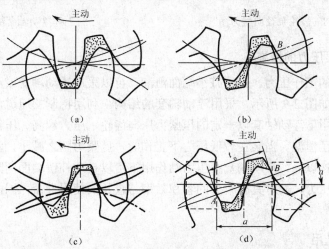

图 2-7 齿轮泵的困油现象

消除困油现象的措施是在齿轮端面两侧板上开卸荷槽，如图 2-7（d）所示。困油区油腔容积增大时，通过卸荷槽与吸油区相连，反之；与压油区相连。在很多齿轮泵中，两槽并不对称于齿轮中心线分布，而是整个向吸油腔侧平移一段距离，实践证明，这样能取得更好的卸荷效果。另外，槽距 a 不能过小，以防止吸、排油腔通过困油容积连通，影响泵的容积效率。

3）不平衡的径向力

在齿轮泵中，油液作用在齿轮外圆上的压力是不均匀的，如图 2-8 所示，从低压腔到高压腔，压力沿齿轮旋转方向逐齿递增，因此，齿轮和轴受到径向不平衡力的作用。工作压力越高，径向不平衡力也越大。径向不平衡力很大时，能使泵轴弯曲，导致齿顶接触泵体，产生摩擦；同时也加速轴承的磨损，降低轴承的使用寿命。

为了减小径向不平衡力的影响，常采用减小压油口尺寸的办法，使压油腔的压力油仅作用在一个齿到两个齿的范围内；同时适当增大径向间隙，使齿顶不和泵体接触。

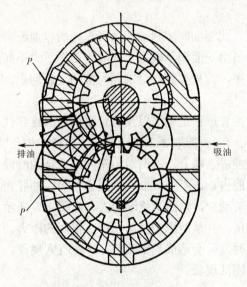

图 2-8 齿轮泵径向受力图

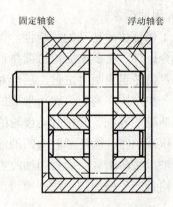

图 2-9 浮动轴套结构示意图

3．提高齿轮泵压力的措施

要提高齿轮泵的工作压力，必须减小端面泄漏，可以采用浮动轴套或浮动侧板，使轴向间隙能自动补偿。如图 2-9 所示，采用浮动轴套的结构。利用特制的通道，把压力油引入压油腔，在油压的作用下浮动轴套以一定的压紧力压向齿轮，压力越高、压得越紧，轴向间隙就越小，因而减少了泄漏。当泵在较低压力下工作时，压紧力随之减小，泄漏也不会增加。采用了浮动轴套结构以后，浮动轴套在压力油作用下可以自动补偿端面间隙的增大，从而限制了泄漏，提高了压力，同时具有较高的容积效率与较长的使用寿命，因此，在高压齿轮泵中应用十分普遍。

4．齿轮泵的选用

齿轮泵在实际的选用和使用时，应遵循以下几点原则：

（1）根据不同压力级来选用齿轮泵。齿轮泵分为低压（≤2.5MPa）、中压（≤8～16MPa）和高压（≤20～31.5MPa）。

（2）由于齿轮泵是定量泵，所选用齿轮泵的流量要尽可能地与实际所要求的流量相符合，以免产生不必要的损失。

（3）当系统流量要求过大时，可采用多联泵来解决。

模块二 液压传动动力元件

(4) 在使用中应注意齿轮泵的转向应根据原动机的转向来确定,并且泵的转速要与原动机的转速范围相匹配。

(5) 系统选用过滤器的精度应与齿轮泵的压力相匹配。低压齿轮泵的污染敏感度较低,所以允许系统选用过滤精度较低的过滤器;高压齿轮泵的污染敏感度较高,故系统所选用的过滤器的精度也应比较高。

四、知识拓展

内啮合齿轮泵

内啮合齿轮泵有渐开线齿轮泵和摆线齿轮泵两种,如图 2-10 所示。一对相互啮合的小齿轮和内齿轮与侧板所围成的密闭油腔被轮齿啮合线和月牙板分隔成两部分,如图 2-10(a)所示。图 2-10(b)所示为不设隔板的摆线齿轮泵。当传动轴带动小齿轮按图示方向旋转时,图中左侧轮齿逐渐脱开啮合,密闭油腔容积增大,为吸油腔;右侧轮齿逐渐进入啮合,密闭油腔容积减小,为压油腔。

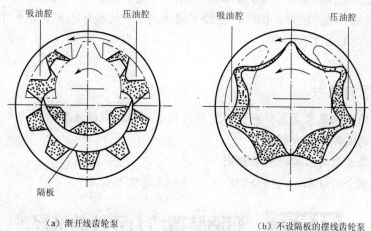

(a) 渐开线齿轮泵　　　　　　(b) 不设隔板的摆线齿轮泵

1—吸油腔;2—压油腔;3—隔板

图 2-10 内啮合齿轮泵

内啮合齿轮泵的最大优点是无困油现象,流量脉动较外啮合齿轮泵小,噪声低。当采用轴向和径向间隙补偿措施后,泵的额定压力可达 30MPa,容积效率和总效率均较高。缺点是齿形复杂,加工精度要求高,价格较贵。

螺杆泵

如图 2-11 所示,螺杆泵中由于主动螺杆 3 和从动螺杆 1 的螺旋面在垂直于螺杆轴线的横截面上是一对共轭摆线齿轮,故又称摆线螺杆泵。螺杆泵的工作机构由互相啮合且装于定子内的三根螺杆组成,中间一根为主动螺杆,由电动机带动,旁边两根为从动螺杆,另外,还有前、后端盖等主要零件组成。螺杆的啮合线把主动螺杆和从动螺杆的螺旋槽分割成多个相互隔离的密封腔。随着螺杆的旋转,这些密封工作腔一个接一个地在左端形成,不断地从左到右移动。主动螺杆每转一周,每个密封工作腔便移动一个螺旋导程。因此,在左端吸油腔,密封油腔容积逐渐增大,进行吸油,而在右端压油腔,密封油腔容积逐渐减小,进行压油。

由此可知，螺杆直径越大，螺旋槽越深，泵的排量就越大；螺杆越长，吸油口 2 和压油口 4 之间密封层次越多，泵的额定压力就越高。

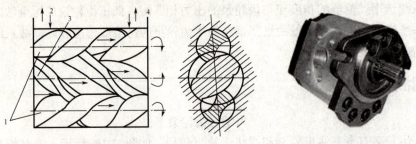

（a）工作原理图　　　　　　　　　　　　（b）外观图
1—从动螺杆；2—吸油腔；3—主动螺杆；4—压油腔

图 2-11　螺杆泵

螺杆泵的优点是结构简单紧凑、体积小、动作平稳、噪声小、流量和压力脉动小、螺杆转动惯量小、快速运动性能好。因此，已较多地应用于精密机床的液压系统中。其缺点是由于螺杆形状复杂，加工比较困难。

 练习与思考

1. 齿轮泵的困油现象是怎样产生的？采用什么措施加以解决？
2. 齿轮泵的泄漏途径有哪些？
3. 在齿轮泵选用时应掌握哪些原则？
4. 相对外啮合齿轮泵，内啮合齿轮泵和螺杆泵有哪些优点？

任务五　润滑装置动力元件的选择

 学习内容

基础知识
1. 叶片泵和柱塞泵的工作原理
2. 叶片泵和柱塞泵的结构特点
3. 叶片泵和柱塞泵的选择原则

基本技能
能根据叶片泵和柱塞泵的结构特点及具体使用要求，掌握其正确的选用方法

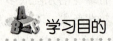 **学习目的**

1. 了解叶片泵和柱塞泵的工作原理

模块二 液压传动动力元件

2. 了解叶片泵和柱塞泵的工作特点及其分类
3. 掌握叶片泵和柱塞泵的正确选用方法

一、任务描述

在自动化机床的润滑装置中,经常采用液压泵作为动力元件自动向各润滑部位供油。由于工作的特殊性,所以,正确选择动力元件是保证整个润滑系统可靠工作的关键。我们如何根据具体要求来选择润滑装置的动力元件呢?

二、任务分析

在任务四中,我们已学习了液压机动力元件的选择,而对于润滑装置来说,与液压机有所不同。因为润滑装置工作时,它不需要液压泵输出较大的流量,也不需要液压泵输出很高的压力,但是要求液压泵在工作中噪声小,工作平稳。而齿轮泵工作时噪声大,小流量供油不稳定,因此,齿轮泵用在润滑装置中不能很好地满足工作要求。故在实际应用时,我们常选择叶片泵和柱塞泵作为润滑装置的动力元件。下面我们就一起来认识一下这两种液压泵。

三、任务完成

1. 叶片泵

叶片泵分单作用式和双作用式两种。图 2-12 所示为叶片泵的外形图。

图 2-12 叶片泵外形图

1) 单作用式叶片泵的工作原理

单作用式叶片泵的工作原理如图 2-13 所示,它是由转子 2、定子 3、叶片 4 和配流盘等组成。定子的工作表面是一个圆柱表面,定子与转子不同心安装,有一偏心距 e。叶片装在转子槽内可灵活滑动。转子回转时,叶片在离心力和叶片根部压力油的作用下,叶片顶部贴紧在定子内表面上。在定子、转子每两个叶片和两侧配流盘之间就形成了一个密封腔。当转子按图示方向转动时,图中右边的叶片在离心力的作用下逐渐伸出,密封腔容积逐渐增大,产生局部真空,于是油箱中的油液在大气压力作用下,由吸油口经配流盘的吸油窗口(图中虚线所示的腰形槽),进入这些密封腔,这就是吸油过程。反之,图中左面的叶片被定子内表面推入转子的槽内,密封腔容积逐渐减小,腔内的油液受到压缩,经配流盘的压油窗口排到泵外,这就是压油过程。在吸油腔和压油腔之间有一段封油区,将吸油腔和压油腔隔开。

从上述分析可知,这种叶片泵每转一周,叶片在槽中滑动一次,进行一次吸油和压油,故称为单作用式叶片泵,又因这种泵的转子受不平衡的径向液压力,又称非卸荷式叶片泵。从图 2-13 可以看出,如果改变单作用式叶片泵的偏心距 e,即可改变其排量,故单作用式叶片泵常做成变量泵。

2)双作用式叶片泵的工作原理

双作用式叶片泵的工作原理如图 2-14 所示,泵也是由定子 1、转子 3、叶片 4 和配油盘(图中未画出)等组成。转子和定子中心重合,定子内表面近似为椭圆柱形,该椭圆形由两段长半径 R、两段短半径 r 和四段过渡曲线所组成。当转子转动时,叶片在离心力和根部压力油的作用下,在转子槽内作径向移动而压向定子内表面,由叶片、定子的内表面、转子的外表面和两侧配油盘间形成若干个密封空间。当转子按图示方向旋转时,处在小圆弧上的密封空间经过渡曲线而运动到大圆弧的过程中,叶片外伸,密封空间的容积增大,吸入油液;再从大圆弧经过渡曲线运动到小圆弧的过程中,叶片被定子内壁逐渐压进槽内,密封空间容积变小,将油液从压油口压出。

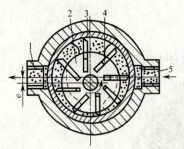

1—压油口;2—转子;3—定子;4—叶片;5—吸油口

图 2-13 单作用式叶片泵的工作原理

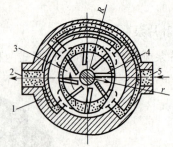

1—定子;2—压油口;3—转子;4—叶片;5—吸油口

图 2-14 双作用式叶片泵的工作原理

从上述分析可知,这种叶片泵转子每转一周,每个工作空间要完成两次吸油和压油,所以称为双作用式叶片泵。双作用式叶片泵由于有两个吸油腔和两个压油腔,并且各自的中心夹角是对称的,所以作用在转子上的油液压力相互平衡,因此双作用式叶片泵又称卸荷式叶片泵。双作用式叶片泵因其排量不可调,所以双作用式叶片泵为定量泵。

3)叶片泵的优缺点及其应用

主要优点:

(1)输出流量比齿轮泵均匀,运转平稳,噪声小。

(2)工作压力较高,容积效率也较高。

(3)单作用式叶片泵易于实现流量调节,双作用式叶片泵则因转子所受径向液压力平衡,使用寿命长。

(4)结构紧凑,轮廓尺寸小而流量较大。

模块二 液压传动动力元件

主要缺点:

(1) 自吸性能较齿轮泵差,对吸油条件要求较严,其转速范围必须在 500~1500 r/min 范围内。

(2) 对油液污染较敏感,叶片容易被油液中杂质咬死,工作可靠性较差。

(3) 结构较复杂,零件制造精度要求较高,价格较高。

叶片泵一般应用在中压(6.3MPa)的液压系统中,主要用于机床控制,特别是双作用式叶片泵因流量脉动很小,因此,在精密机床中得到广泛使用。

2. 柱塞泵

柱塞泵是依靠柱塞在缸体内作往复运动,从而使得密封油腔容积变化而实现吸油和压油的。柱塞泵按柱塞的排列和运动方向不同,可分为径向柱塞泵和轴向柱塞泵两大类。图 2-15 所示为柱塞泵外观图。

图 2-15 柱塞泵外观图

(1) 径向柱塞泵

径向柱塞泵的工作原理如图 2-16 所示。它是由柱塞 1、缸体 2(又称转子)、衬套(传动轴)3、定子 4 和配流(油)轴 5 等组成。转子的中心与定子中心之间有一偏心距 e,柱塞径向排列安装在缸体中,缸体由原动机带动连同柱塞一起旋转,柱塞在离心力(或低压油)作用下抵紧定子内壁,当转子连同柱塞按图示方向旋转时,右半周的柱塞往外滑动,柱塞底部的密封工作腔容积增大,于是通过配流轴轴向孔吸油。左半周的柱塞往里滑动,柱塞孔内的密封工作腔容积减小,于是通过配流轴轴向孔压油。转子每转一周,柱塞在缸孔内吸油、压油各一次。

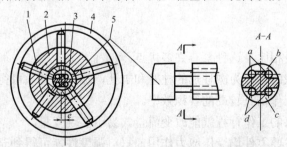

1—柱塞;2—转子;3—衬套;4—定子;5—配流轴

图 2-16 径向柱塞泵的工作原理

当移动定子改变偏心距 e 的大小时，泵的排量就得到改变。当移动定子使偏心距从正值变为负值时，泵的吸、压油腔就互换。因此，径向柱塞泵可以制成单向或双向变量泵。

径向柱塞泵径向尺寸大，转动惯量大，自吸能力差，且配流轴受到径向不平衡液压力的作用，易于磨损，这些都限制了其转速与压力的提高，故应用范围较小。常用于拉床、压力机或船舶等大功率系统。

（2）轴向柱塞泵

轴向柱塞泵的工作原理如图 2-17 所示。它是由传动轴 1、斜盘 2、柱塞 3、缸体 4 和配流（油）盘 5 等组成。轴向柱塞泵的缸体直接安装在传动轴上，缸体 4 内均分布着若干个轴向柱塞孔，孔内装有柱塞，柱塞与缸体轴线平行。斜盘与缸体倾斜了一个 γ 角。缸体由传动轴带动旋转，斜盘和配流盘固定不动。在底部弹簧的作用下，柱塞头部始终紧贴斜盘。当传动轴带着缸体和柱塞一起沿图示方向旋转时，柱塞在缸体内作往复运动，在自下而上回转的半周内，在底部弹簧的作用下柱塞逐渐向外伸出，使缸体内密封油腔容积增加，形成局部真空，于是油液就通过配油盘的吸油窗口 a 进入缸体中；在自上而下的半周内，柱塞被斜盘推着逐渐向里缩回，使密封油腔容积减小，将液体从配油窗口 b 排出去。缸体每转动一周，每个柱塞完成一次吸油和一次压油，缸体连续旋转，柱塞则不断地吸油和压油。

如果改变斜盘倾角 γ 的大小，就能改变柱塞的行程长度，也就改变了泵的排量。如果改变斜盘的倾角的方向，就能改变吸、压油方向，所以，轴向柱塞泵可以做成单向或双向变量泵。

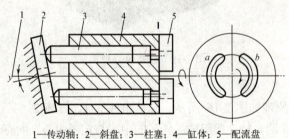

1—传动轴；2—斜盘；3—柱塞；4—缸体；5—配流盘

图 2-17 斜盘式轴向柱塞泵的工作原理

轴向柱塞泵结构紧凑，径向尺寸小，惯性小，容积效率高，目前最高压力可达 40.0MPa，甚至更高，一般用于工程机械、压力机等高压系统中，但其轴向尺寸较大，轴向作用力也较大，结构比较复杂。

4）柱塞泵的特点

与齿轮泵和叶片泵相比，这种泵有许多优点。

（1）构成密封容积的零件为圆柱形的柱塞和缸孔，加工方便，可得到较高的配合精度，密封性能好，在高压工作仍有较高的容积效率。

（2）只需改变柱塞的工作行程就能改变流量，易于实现变量。

（3）柱塞泵中的主要零件均受压应力作用，材料强度性能可得到充分利用。

由于柱塞泵压力高，结构紧凑，效率高，流量调节方便，故在需要高压、大流量、大功率的系统中和流量需要调节的场合得到广泛的应用。

模块二 液压传动动力元件

3. 润滑装置动力元件的选用

在选用叶片泵和柱塞泵作为润滑装置动力元件时,应根据各自的工作特点合理地选择和应用。

(1) 叶片泵的选用

单作用式叶片泵由于吸油腔和压油腔各占一侧,转子受到压油腔油液的作用力大于吸油腔油液的作用力,致使转子所受的径向力不平衡,从而使轴向力也不平衡,使得轴承受到较大的载荷作用,所以在实际使用中要求压油腔压力不能过高,不宜用在对油压要求较高的场合。

双作用式叶片泵流量均匀,几乎没有流量脉动,运动平稳,噪声小,转子受阻力相互平衡,轴承使用寿命长,结构紧凑,轮廓尺寸小,排量大。当润滑装置对动力元件要求较高时,可选择双作用叶片泵作为动力元件。

在选用叶片泵作为动力元件时应注意以下几点:

① 叶片泵使用时应注意液压油的黏度。黏度过高,吸油阻力增大,将会影响泵的流量。黏度过稀,则会因叶片泵内部间隙的影响,造成真空度不够,难吸油,对设备工作造成不良影响。

② 油温应合适,一般应控制在 10~50℃。

③ 叶片泵对油液的污物非常敏感,油液不清洁会造成叶片卡死。因此,必须保证油液过滤良好以及环境清洁。

(2) 柱塞泵的选用

与齿轮泵和叶片泵相比,柱塞泵能以最小的尺寸和最小的质量供给最大的动力,为一种高效率的泵。该泵输出压力高、输出流量大。润滑装置动力元件一般要求体积小,效率高,故一般选择轴向柱塞泵作为动力元件。而径向柱塞泵一般不作为润滑装置的动力元件使用。在使用轴向柱塞泵时,同样要求油液要清洁。

四、知识拓展

液压泵的选择原则

液压泵是液压系统的动力元件,其作用是供给系统一定流量和压力的油液,因此也是液压系统的核心元件。合理地选择液压泵对于降低液压系统的能耗、提高系统的效率、降低噪声、改善工作性能和保证系统的可靠工作都十分重要。

选择液压泵的原则:应根据主机工况、功率大小和系统对工作性能的要求,首先确定液压泵的结构类型,然后按系统所要求的压力、流量大小确定其规格型号。表 2-1 给出了各类液压泵的性能特点、比较及应用。

表 2-1 液压泵的性能特点及应用

类型 性能参数	齿轮泵	叶片泵		柱塞泵	
		单作用式(变量)	双作用式	轴向柱塞式	径向柱塞式
压力范围/MPa	2~21	2.5~6.3	6.3~21	21~40	10~20

续表

类型 性能参数	齿轮泵	叶片泵		柱塞泵	
		单作用式（变量）	双作用式	轴向柱塞式	径向柱塞式
排量范围/mLr^{-1}	0.3~650	1~320	0.5~480	0.2~3600	20~720
转速范围/rmin^{-1}	300~7000	500~2000	500~4000	600~6000	700~1800
容积效率/%	70~95	85~92	80~94	88~93	80~90
总效率/%	63~87	71~85	65~82	81~88	81~83
流量脉动/%	1~27			1~5	<2
功率质量比/kWkg^{-1}	中	小	中	中大	小
噪声	稍高	中	中	大	中
耐污能力	中等	中	中	中	中
价格	最低	中	中低	高	高
应用	一般常用于机床液压系统及低压大流量的一些系统或控制系统，中等高压齿轮泵常用于工程机械、航空、造船等方面	在中、低压液压系统中用的较多，常用于精密机床及一些功率较大的设备上，如高精度平磨、塑料机械等，组合机床液压系统中用的较多	在各类机床设备中得到广泛应用，在注塑机，运输装卸机械，液压机和工程机械得到广泛应用	在各类高压系统中应用非常广泛，如冶金、锻压机械、矿山、起重机械、工程机械、造船等方面	多用于10MPa以上的各类液压系统中，由于体积大、重量大，耐冲击性好，故常用于固定设备，如拉床、压力机或船舶等方面

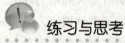

练习与思考

1. 为什么双作用式叶片泵的泵片是偶数？一般是多少？
2. 为什么柱塞式轴向变量泵倾斜盘倾角小时容积效率低？
3. 在实际工作中，叶片泵能否反转？为什么？
4. 根据叶片泵和柱塞泵的工作特点，分析其选用的方法。
5. 说明叶片泵的工作原理。单作用式叶片泵和双作用式叶片泵各有什么特点？
6. 为什么轴向柱塞泵适应于高压场合？

模块三 液压传动执行元件

任务六 液压缸的结构

 学习内容

基础知识
1. 液压缸的结构组成
2. 液压缸密封装置、缓冲装置和排气装置的基本结构及工作原理

基本技能
能正确掌握和区分液压缸的各组成部件（装置）的基本结构

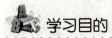 学习目的

1. 了解液压缸的主要组成部分
2. 掌握液压缸密封装置、缓冲装置和排气装置的基本结构及工作原理

一、任务描述

图 3-1 所示为单杆液压缸（(a) 为外形图，(b) 为结构图），该液压缸具有双向缓冲功能，工作时压力油经进油口、单向阀进入工作腔，推动活塞运动，当活塞临近终点时，缓冲套切断油路，排油只能经节流阀排出，起节流缓冲作用。那么，液压缸由哪些部分组成呢？

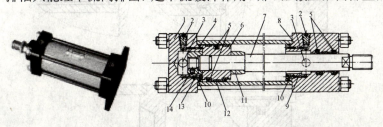

(a) 外形图　　　　　　　　　　　(b) 结构示意图

1—后端盖；2—缓冲节流阀；3—进出油口；4—缸筒；5—密封件；6—活塞；7—活塞杆；
8—前端盖；9—导向套；10—单向阀；11—缓冲套；12—导向环；13—无杆端缓冲块；14—螺栓

图 3-1 单杆液压缸结构

二、任务分析

从上面所述的任务中看出液压缸的结构基本上可以分为缸体组件、活塞组件、密封装置、缓冲装置和排气装置五部分。下面我们一起来学习液压缸结构的相关知识。

三、任务完成

1. 缸体组件

缸体组件主要由缸筒、前后缸盖及连接件所组成。缸体组件与活塞组件构成密封的容腔承受油压。因此，缸体组件要有足够的强度、较高的表面精度和可靠的密封性。

缸体组件的缸筒与缸盖，其使用材料、连接方式与工作压力有关。当工作压力 $p<10$MPa 时使用铸铁缸筒，当工作压力 $10\text{MPa}\leqslant p<20\text{MPa}$ 时使用无缝钢管，$p\geqslant 20$MPa 时使用铸钢或锻钢。

缸体组件的缸筒与缸盖的连接主要有以下几种形式：

（1）采用法兰式连接，如图3-2（a）所示：法兰式连接结构简单、加工方便、连接可靠，但要求缸筒端部有足够的壁厚，用以安装螺栓或旋入螺钉。缸筒端部一般用铸造、镦粗或焊接方式制成粗大的外径。

（2）采用半环式连接，如图3-2（b）所示：半环式连接工艺性好、连接可靠、结构紧凑，但削弱了缸筒强度。这种连接常用于无缝钢管缸筒与缸盖的连接中。

（3）采用螺纹式连接，如图3-2（c）所示：螺纹式连接体积小、质量轻、结构紧凑，但缸筒端部结构复杂。常用于无缝钢管或铸钢的缸筒上。

（4）采用拉杆式连接，如图3-1（d）所示：拉杆式连接结构简单、工艺性好、通用性强，但端盖的体积和重量较大，拉杆受力后会变形，影响密封效果，适用于长度较小的中低压缸。

（5）采用焊接式连接，如图3-1（e）所示：焊接式连接强度高，制造简单，但焊接时易引起缸筒变形，且无法拆卸。

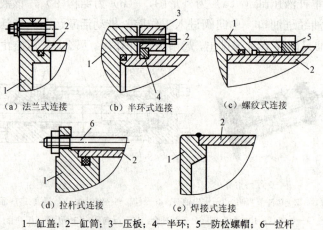

1—缸盖；2—缸筒；3—压板；4—半环；5—防松螺帽；6—拉杆

图3-2 缸筒和端盖结构

2. 活塞组件

活塞组件由活塞、活塞杆和连接件等组成。活塞一般用耐磨铸铁制造，活塞杆不论空心的和实心的，大多用钢料制造。活塞和活塞杆的连接方式很多，但无论采用哪种连接方式，都必须保证连接可靠。整体式和焊接式活塞结构简单，轴向尺寸紧凑，但损坏后需整体更换。锥销式连接加工容易，装配简单，但承载能力小，且需要有必要的防止脱落措施。螺纹式连接如图3-3（a）所示，此种连接结构简单，装拆方便，但需备有螺母防松装置。半环式连接如图3-3（b）所示，半环连接式强度高，但结构复杂，装拆不便。

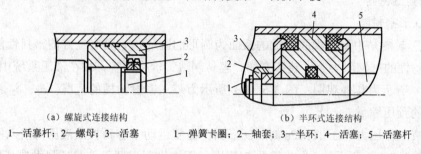

(a) 螺旋式连接结构　　　　　　　(b) 半环式连接结构
1—活塞杆；2—螺母；3—活塞　　1—弹簧卡圈；2—轴套；3—半环；4—活塞；5—活塞杆

图3-3　活塞与活塞杆连接形式

3. 密封装置

密封装置的作用是用来阻止有压工作介质的泄漏，防止外界空气、灰尘、污垢和异物侵入。其中起密封作用的元件称为密封件。通常在液压系统或元件中会存在工作介质的内泄漏和外泄漏。液压缸高压腔中的油液向低压腔泄漏称为内泄漏，液压缸中的油液向外部泄漏称为外泄漏。内泄漏会降低系统的容积效率，恶化设备的性能指标，甚至使其无法正常工作。外泄漏会导致流量减少，不仅污染环境，有可能引起火灾，严重时可能引起设备故障和人身事故。系统中若侵入空气，就会降低工作介质的弹性模量，产生气穴，有可能引起振动和噪声。灰尘和异物既会堵塞小孔和缝隙，又会增加液压缸中相互运动件之间的摩擦磨损，降低使用寿命，并且加速内、外泄漏。所以为了保证液压设备工作的可靠性及提高工作寿命，密封装置与密封件不容忽视，需要密封的地方必须采取相应的密封装置。液压缸的密封主要指活塞、活塞杆处的动密封和缸盖等处的静密封。

常用的密封方法有：

1) 间隙密封

这是依靠两运动件配合面之间保持一很小的间隙，使其产生液体摩擦阻力来防止泄漏的一种方法。用该方法密封，只适用于直径较小、压力较低的液压缸与活塞间密封。间隙密封属于非接触式密封，它是靠相对运动件配合面之间的微小间隙来防止泄漏，实现密封，如图3-4所示，常用于柱塞式液压泵（马达）中柱塞和缸体配合、圆柱滑阀的摩擦副的配合中。通常，在阀芯的外表面开几条等距离的均压槽，其作用是对中性好，减小液压卡紧力，增大密封能力，减轻磨损。匀压槽宽度为0.3～0.5mm，深为0.5～1mm，其间隙值可取 $\delta=0.02\sim0.05$mm。这种密封摩擦阻力小、结构简单，但磨损后不能自动补偿。

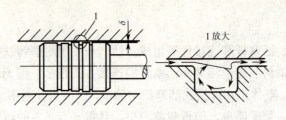

图 3-4 间隙密封

2) 密封圈密封

(1) O 形密封圈

O 形密封圈是由耐油橡胶制成的截面为圆形的圆环,它具有良好的密封性能,且结构紧凑,运动件的摩擦阻力小、装卸方便、容易制造、价格便宜,故在液压系统中广泛应用。图 3-5(a)所示为其外观图;图 3-5(b)所示为装入密封沟槽的情况,δ_1、δ_2 是 O 形密封圈装配后的预压缩量。

当油液工作压力大于 10MPa 时,O 形圈在往复运动中容易被油液压力挤入间隙而过早损坏(如图 3-5(c)所示),为此需在 O 形圈低压侧设置聚四氟乙烯或尼龙制成的挡圈(如图 3-5(d)所示),其厚度为 1.25~2.5mm。双向受压时,两侧都要加挡圈(如图 3-5(e)所示)。

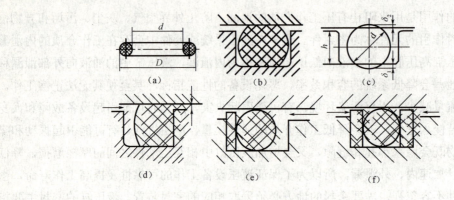

图 3-5 O 形密封圈及其安装

(2) V 形密封圈

V 形密封圈的形状如图 3-6 所示,它由纯耐油橡胶或多层夹织物橡胶压制而成,通常由支撑环图 3-6(a)、密封环图 3-6(b)和压环图 3-6(c)组成。当压环压紧密封环时,支撑环使密封环产生变形而起密封作用。当工作压力高于 10MPa 时,可增加密封环的数量,提高密封效果。安装时,密封环的开口应面向压力高的一侧。V 形圈密封性能良好、耐高压、寿命长。通过调节压紧力,可获得最佳的密封效果,但 V 形密封装置的摩擦阻力及结构尺寸较大,主要用于活塞组件的往复运动。它适宜在工作压力为 $p<50$MPa、温度为 -40℃~80℃ 的条件下工作。

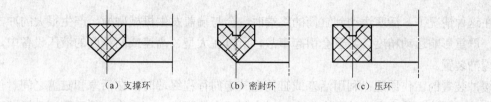

图 3-6　V 形密封圈

（3）Y 形密封圈

Y 形密封圈属唇形密封圈，其截面为 Y 形，如图 3-7 所示。主要用于往复运动的密封。是一种密封性、稳定性和耐压性较好、摩擦阻力小、寿命较长的密封圈，故应用也很普遍。Y 形圈的密封作用依赖于它的唇边对偶合面的紧密接触，并在压力油作用下产生较大的接触应力，达到密封的目的。当液压力升高时，唇边与偶合面贴得更紧，接触压力更高，密封性能更好。Y 形密封圈根据截面长宽比例不同分宽断面和窄断面两种形式。Y 形密封圈一般适用于工作压力 $p \leqslant 20\mathrm{MPa}$、工作温度 $-30℃\sim100℃$、运动速度 $v \leqslant 0.5\mathrm{m/s}$ 的场合。

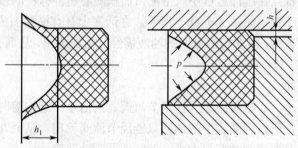

图 3-7　Y 形密封圈的工作原理

目前，液压缸中普遍使用窄断面小 Y 形密封圈，它是宽断面的改型产品，截面的长宽比在 2 倍以上，因而不易翻转，稳定性好，它有等高唇 Y 形圈和不等高唇 Y 形圈两种，后者又有轴用密封圈（见图 3-8（a））和孔用密封圈（见图 3-8（b））。其短唇与密封面接触，滑动摩擦阻力小，耐磨性好，寿命长；长唇与非运动表面有较大的预压缩量，摩擦阻力大，工作时不窜动。一般适用于工作压力 $p \leqslant 32\mathrm{MPa}$、使用温度为 $-30℃\sim100℃$ 的条件下工作。

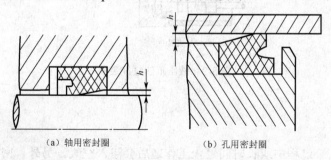

图 3-8　小 Y 形密封圈

4．缓冲装置

当运动件的质量较大，运动速度较高（$v > 0.2\mathrm{m/s}$）时，由于惯性力较大，具有很大的动量。在这种情况下,活塞运动到缸筒的终端时,会与端盖发生机械碰撞,产生很大的冲击和噪声,严重影响运动精度,甚至会引起事故,所以在大型、高速或高精度的液压设备中,常设有缓冲装置。

缓冲装置的工作原理:利用活塞或缸筒在其走向行程终端时,在活塞和缸盖之间封住一部分油液,强迫它从小孔或缝隙中挤出,以产生很大的阻力,使工作部件受到制动逐渐减慢运动速度,达到避免活塞和缸盖相互撞击的目的。常见的缓冲装置有如下几种:

(1) 固定节流缓冲

如图 3-9(a)所示是通过缝隙节流实现缓冲。当活塞移动到其端部,活塞上的凸台进入缸盖的凹腔,将封闭在回油腔中的油液从凸台和凹腔之间的环状缝隙 δ 中挤压出去,从而造成背压,迫使运动活塞降速制动,实现缓冲。这种缓冲装置结构简单,缓冲效果好,但冲击压力较大。

(2) 可变节流缓冲

可变节流缓冲油缸有多种形式,有在缓冲柱塞上开三角槽,有多油孔,还有其他一些可变节流缓冲油缸,其特点在缓冲过程中,节流口面积随着缓冲行程的增大而逐渐减小,缓冲腔中的压力几乎保持不变。如图 3-9(b)所示,在活塞上开有横截面为三角形的轴向斜槽,当活塞移近液压缸缸盖时,活塞与缸盖间的油液需经三角槽流出,从而在回油腔中形成背压,达到缓冲的目的。

(3) 可调节流缓冲

如图 3-9(c)所示,在缸盖中装有针形节流阀。当活塞移近缸盖时,凸台进入凹腔,由于它们之间间隙较小,所以回油腔中的油液只能经节流阀流出,从而在回油腔中形成背压,达到缓冲的目的。调节节流阀的开口大小,就能调节制动速度。

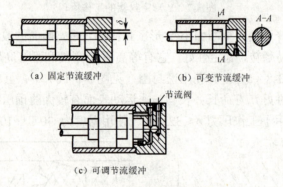

图 3-9 液压缸的缓冲装置

5. 排气装置

(1) 气体的来源

液压系统在安装过程中或长时间停止工作之后会渗入空气。另外,密封不好会有空气进去,况且油液中也含有气体(无论何种油液,本身总是溶解有 3%~10% 的空气)。

(2) 液压缸中的气体对液压系统的影响

空气积聚使得液压缸运动不平稳,低速时产生爬行。由于气体有很大的可压缩性,会使执行元件产生爬行。压力增大时还会产生绝热压缩而造成局部高温,有可能烧坏密封件。启动时引起振动和噪声，换向时降低精度。因此在设计液压缸时，要考虑积留在缸中的气体的排除。

（3）气体的排除方法

一般利用空气比重较油轻的特点，在液压缸内腔的最高部位设置排气孔或专门的排气装置。

图 3-10 所示为采用排气塞和排气阀的排气装置。当松开排气阀螺钉时带着空气的油液，便通过锥面间隙经小孔溢出，待系统内气体排完后，便拧紧螺钉，将锥面密封，也可在缸盖的最高部位处打开排气孔，用长管道向远处排气阀排气。所有的排气装置都是按此基本原理工作的。

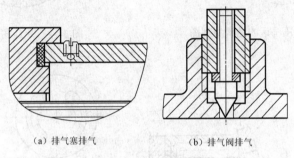

（a）排气塞排气　　　　（b）排气阀排气

图 3-10　排气装置

四、知识拓展

液压马达

液压马达是将液体的压力能转换成旋转的机械能，向外输出转矩和转速的。从原理上讲（能量转换的角度来看），它与液压泵是可逆的，结构上与液压泵也基本类同。液压马达从结构上来看，主要形式有齿轮式、叶片式和轴向柱塞式。

1. 液压马达的工作原理

图 3-11 所示为齿轮式液压马达的结构原理图。当进油口输入压力油，由于油压 p 的作用，齿轮 O_1 及 O_2 上分别产生数值为 $pB(h-b)$ 及 $pB(h-a)$ 的旋转力，齿轮便会转动，并通过轴向外输出旋转运动和转矩。齿轮式马达多用于高转速、小扭矩的场合。

图 3-12 所示为叶片式马达的结构原理图。从图中看出，叶片式马达与叶片泵的结构是非常相似的。压力油从进油口进入叶片之间。位于进油腔的叶片有 3、4、5 和 7、8、1 两组。叶片 4 和 8 两侧均受高压油作用，作用力互相平衡，不产生扭矩；叶片 3、5 和叶片 7、1 所承受的压力不能平衡，产生一个顺时针方向转动的力矩 M。而处在回油腔的 1、2、3 和 5、6、7 两组叶片，由于腔中压力很低，所产生的力矩可忽略不计。因此，转子在转矩 M 的作用下按顺时针方向旋转。叶片式马达主要用于高转速、小转矩和动作灵敏的场合。

图 3-13 所示为斜盘式轴向柱塞马达的工作原理。当液压马达的进油口输入压力油后，与配油盘 4 进油腔对应的柱塞 3 因受到液压力的作用被推出并顶在斜盘 1 上，斜盘 1 对柱塞 3 产生法向反力 F，将 F 正交分解，水平分力与液压力平衡，垂直分力通过柱塞传递给缸体 2，

从而对传动轴产生转矩。由于每个柱塞所处的位置不同，所以产生的转矩大小也不同，液压马达输出的转矩是同处于进油腔各柱塞瞬时对传动轴产生的转矩之和。

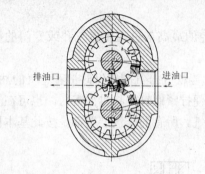

图 3-11　齿轮式液压马达的结构原理图

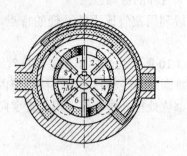

图 3-12　叶片式马达的结构原理图

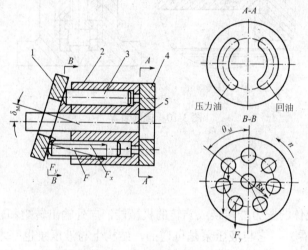

1—斜盘；2—缸体；3—柱塞；4—配油盘；5—传动轴

图 3-13　斜盘式轴向柱塞马达的工作原理图

2．液压泵与液压马达的异同点

1) 两者的相同点

（1）从原理上讲，液压马达和液压泵是可逆的，如果用电动机带动时，输出的是液压能（压力和流量），这就是液压泵；若输入压力油，输出的是机械能（转速和转矩），则变成了液压马达。

（2）从结构上看，二者是相似的。

（3）从工作原理上看，二者均是利用密封工作容积的变化进行吸油和排油，实现能量的转换。

2) 两者的不同点

（1）液压泵是将电动机的机械能转换为液压能的转换装置，输出流量和压力，希望容积效率高；液压马达是将液体的压力能转换为机械能的装置，输出转矩和转速，希望机械效率高。液压泵是能源装置,而液压马达是执行元件。

(2)液压马达输出轴的转向必须能正转和反转,其结构呈对称性;而有的液压泵(如齿轮泵、叶片泵等)转向有明确的规定,只能单向转动,不能随意改变旋转方向。

(3)液压马达除了进、出油口处,还有单独的泄漏油口;液压泵一般只有进、出油口(轴向柱塞泵除外),其内泄漏油液与进油口相同。

(4)液压马达的容积效率比液压泵低;通常液压泵的工作转速都比较高,而液压马达输出转速较低。

(5)从具体结构细节来看:齿轮泵的吸油口大,排油口小,而齿轮液压马达的吸、排油口大小相同;齿轮液压马达的齿数比齿轮泵的齿数多;叶片泵的叶片须斜置安装,而叶片液压马达的叶片径向安装;叶片液压马达的叶片是依靠根部的燕式弹簧,使其压紧在定子表面,而叶片泵的叶片是依靠根部的压力油和离心力作用压紧在定子表面上。

3. 液压马达的职能符号

液压马达的职能符号与液压泵相似,如图 3-14 所示。但要注意,液压马达是输入液压油,而液压泵是输出液压油,液压马达职能符号中黑三角箭头的方向与液压泵有所不同。

(a)单向定量马达　　(b)双向定量马达　　(c)单向变量马达　　(d)双向变量马达

图 3-14　液压马达图形符号

练习与思考

1. 液压缸密封装置有何作用?液压缸主要有哪几种密封方式?
2. 液压缸为什么要有缓冲装置?缓冲装置的基本工作原理是什么?常见的缓冲装置有哪几种?
3. 简述:液压缸中的气体是怎样产生的?它对液压系统有何影响?如何消除?

任务七　压力机执行元件的选择

学习内容

基础知识

1. 液压缸的分类及其工作原理、工作特点及其应用
2. 液压缸的推力和速度的计算方法
3. 增力、增压、伸缩式液压缸的基本知识及其应用

基本技能

能正确区分和掌握不同形式的液压缸的工作原理、工作特点及其应用

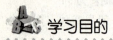 学习目的

1. 掌握液压缸的分类和工作特点及其应用
2. 了解液压缸推力和速度的基本计算方法

一、任务描述

图 3-15 所示为液压压力机的外形图。压力机主轴工作时产生上下运动,那么在压力机中由什么元件来带动主轴完成这一运动呢？该如何选择这些元件呢？

二、任务分析

分析上述任务可知,主轴要完成工作所需的上下运动必须靠液压传动系统中相关的元件来带动,这个元件就是液压传动系统中的执行元件。在液压传动系统中执行元件一般有液压缸和液压马达两种,液压缸将压力油转化为直线运动,液压马达将压力油转化为旋转运动。此任务中需要采用液压缸作为执行元件来带动主轴产生上下运动。

下面我们一起来认识几种典型的液压缸。

图 3-15 液压压力机

三、任务完成

液压缸在工程实际中应用广泛,分类方法也有所不同。一般说来,液压缸的类型按照结构特点,可分为活塞式、柱塞式和摆动式三大类。按照作用方式可分为单作用式和双作用式两种,液压缸的分类参见表 3-1。

表 3-1 液压缸的主要类型及图形

名　　称		图　形	说　明
活塞式	单杆 单作用		活塞单向作用,依靠弹簧使活塞复位
	单杆 双作用		活塞双向作用,左右移动速度不等,差动连接时可提高运动速度
	双杆		活塞左右运动速度相等

模块三　液压传动执行元件

续表

名　称		图　形	说　明
柱塞式	单柱塞		柱塞单向作用，依靠外力使柱塞复位
	双柱塞		双柱塞、双作用
摆动式	单叶片		输出转轴摆动角度小于300°
	双叶片		输出转轴摆动角度小于150°
其他形式	增力液压缸		当液压缸直径受到限制而长度不受限制时，可获得大的推力
	增压液压缸		由两种不同直径的液压缸组成，可提高 B 腔中的液压力
	伸缩液压缸		由面层或多层液压缸组成，可增加活塞行程
	多位液压缸		活塞 A 有三个确定的位置
	齿条液压缸		活塞经齿条带动小齿轮，使它产生旋转运动

1. 活塞式液压缸

活塞式液压缸由缸筒、活塞和活塞杆、端盖等主要部件组成。通常有单杆和双杆两种形式。又有缸筒固定、活塞移动与活塞杆固定、缸筒移动两种运动方式。

1）单杆活塞式液压缸

单杆液压缸有缸体固定和活塞杆固定两种形式，但它们的工作台移动范围都是活塞运动行程的两倍。由于单杆液压缸左右两腔的活塞有效作用面积 A_1 和 A_2 不相等，所以，这种液压缸具有三种连接方式，如图 3-16 所示。在三种不同的连接方式中，即使输入液压缸油液的压力和流量相同，其输出的推力和速度大小也各不相同。我们把有活塞杆的一腔称为有杆腔，没有活塞杆的一腔为无杆腔。

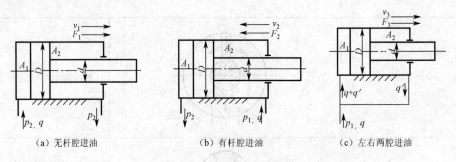

(a) 无杆腔进油　　　　(b) 有杆腔进油　　　　(c) 左右两腔进油

图 3-16　单杆活塞式液压缸

（1）图 3-16（a）所示为无杆腔进油、有杆腔回油的情况，此时活塞输出的推力和运动速度分别为

$$F_1 = p_1 A_1 - p_2 A_2 = p_1 \frac{\pi}{4} D^2 - p_2 \frac{\pi}{4}(D^2 - d^2) \tag{3-1}$$

$$v_1 = \frac{q}{A_1} = \frac{4q}{\pi D^2} \tag{3-2}$$

式中　F_1——推力；

　　　v_1——运动速度；

　　　p_1——进油压力；

　　　p_2——回油压力；

　　　q——进油流量；

　　　D——活塞直径；

　　　d——活塞杆直径。

若回油腔直接接油箱，$p_2 \approx 0$，则

$$F_1 = p_1 A_1 = p_1 \frac{\pi}{4} D^2 \tag{3-3}$$

（2）如图 3-16（b）所示为有杆腔进油、无杆腔回油的情况，此时活塞的运动速度和输出推力分别为

$$F_2 = p_1 A_2 - p_2 A_1 = p_1 \frac{\pi}{4}(D^2 - d^2) - p_2 \frac{\pi}{4} D^2 \tag{3-4}$$

$$v_2 = \frac{q}{A_2} = \frac{4q}{\pi(D^2 - d^2)} \tag{3-5}$$

式中　F_2——推力；

v_1——运动速度;

p_1——进油压力;

p_2——回油压力;

q——进油流量;

D——活塞直径;

d——活塞杆直径。

若回油腔直接接油箱,$p_2 \approx 0$,则

$$F_2 = p_1 A_2 = p_1 \frac{\pi}{4}(D^2 - d^2) \tag{3-6}$$

v_2 与 v_1 之比称为液压缸的速度比 λ_v,即

$$\lambda_v = \frac{v_2}{v_1} = \frac{1}{1-\left(\dfrac{d}{D}\right)^2} \tag{3-7}$$

(3) 图 3-16 (c) 所示为液压缸左右两腔同时进入压力油,即差动连接。在差动连接时,液压缸左右两腔同时进入压力油,但因为两腔的有效作用面积不等,故活塞向右运动。有杆腔排出的流量 $q' = v_3 A_2$ 也进入无杆腔,加大了左腔的流量,从而加快了活塞移动的速度,若不考虑损失,则差动连接时,活塞推力 F_3 和运动速度 v_3 为

$$F_3 = p_1(A_1 - A_2) = p_1 \frac{\pi}{4}d^2 \tag{3-8}$$

$$v_3 = \frac{q + q'}{A_1} = \frac{q + \frac{\pi}{4}(D^2 - d^2)v_3}{\frac{\pi}{4}D^2} \tag{3-9}$$

整理得

$$v_3 = \frac{4q}{\pi d^2} \tag{3-10}$$

由上述可知,差动连接比非差动连接时的推力小而运动速度快,所以,这种连接形式是以减小推力为代价而获得快速运动的。

单杆液压缸是广泛应用的一种执行元件,适用于推出时承受工作载荷、退回时为空载或载荷较小的液压装置。前述液压压力机主轴上下运动就是由单杆活塞式液压缸来实现的。

2) 双杆活塞式液压缸

图 3-17 所示为双杆活塞式液压缸。图 3-17 (a) 所示为缸筒固定式,它的进、出油口布置在缸筒两端,活塞通过活塞杆带动工作台移动,当活塞的有效行程为 l 时整个工作台的运动范围为 $3l$,因此占地面积大,适用于小型机床。图 3-17 (b) 所示为活塞杆固定形式,这种安装连接是缸体与工作台相连,活塞杆通过支架固定在机床上,动力由缸体传出,因此,工作台移动范围等于两倍的有效行程 l,节省了占地面积,适用在行程较长的机床中。

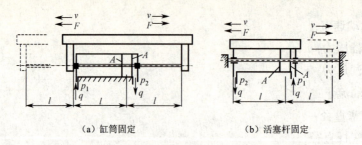

(a) 缸筒固定　　　　　　　(b) 活塞杆固定

图 3-17　双杆活塞式液压缸及其安装形式

双杆活塞式液压缸，活塞两侧都装有活塞杆，由于两腔的有效面积相等，故活塞往返的作用力和运动速度都相等，即

$$F = A(p_1 - p_2) = \frac{\pi}{4}(D^2 - d^2)(p_1 - p_2) \tag{3-11}$$

$$v = \frac{q}{A} = \frac{4q}{\pi(D^2 - d^2)} \tag{3-12}$$

此种形式的液压缸在机床中经常应用。如平面磨床工作台的往复直线运动（在本模块任务八中将详细介绍）。

2. 柱塞式液压缸

活塞式液压缸的内壁要求精加工，当液压缸较长时加工就显得比较困难，因此在行程较长时多采用柱塞缸。柱塞缸的内壁不需要精加工，只需要对柱塞杆进行精加工，它结构简单，制造方便，成本低。

图 3-18 所示为柱塞缸的结构。它由缸体、柱塞、导套、密封圈、压盖等零件组成。

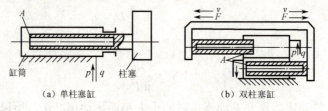

(a) 单柱塞缸　　　　　　　(b) 双柱塞缸

图 3-18　柱塞式液压缸

柱塞缸只能在压力油作用下产生单向运功，它的回程借助于运动件的自重或外力的作用（垂直放置或弹簧力等）。为了得到双向运动，柱塞缸常成对使用如图 3-18（b）所示。为减轻重量，防止柱塞水平放置时因自重而下降，常把柱塞做成空心的。

3. 摆动式液压缸

摆动式液压缸又称摆动液压马达或回转液压缸，如图 3-19 所示。它把油液的压力能转变为摆动运动的机械能。常用的摆动式液压缸有单叶片式和双叶片式两种。

图 3-19（a）所示为单叶片摆动式液压缸。隔板 1 用螺钉和圆柱销固定在缸体 2 上。当压力油进入油腔时，推动转轴 3 作逆时针旋转，另一腔的油排回油箱。当压力油反向进入油腔时，转轴顺时针转动。它的摆动范围一般在 300° 以下。设摆动缸进出油口压力分别为 p_1 和 p_2，输入的流量为 q，若不考虑泄漏和摩擦损失，它的输出转矩 T 和角速度 ω 分别为

模块三 液压传动执行元件

$$T = b\int_r^R (p_1 - p_2)rdr = \frac{b}{2}(R^2 - r^2)(p_1 - p_2) \quad (3\text{-}13)$$

$$\omega = 2\pi n = \frac{2q}{b(R^2 - r^2)} \quad (3\text{-}14)$$

式中 b ——叶片宽度；

  r、R ——叶片底端、顶端回转半径。

图 3-19（b）所示为双叶片摆动式液压缸。当按图示方向输入压力油时，叶片和输出轴顺时针转动；反之，叶片和输出轴逆时针转动。双叶片摆动式液压缸的摆动范围一般不超过 150°。

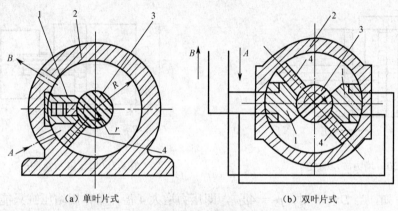

（a）单叶片式　　　　　　　　　　（b）双叶片式

1—隔板；2—缸体；3—转动轴；4—叶片

图 3-19 摆动式液压缸示意图

四、知识拓展

其他液压缸

1. 增力缸

图 3-20 所示为由两个单杆活塞缸串联在一起的增力缸，当压力油通入两缸左腔时，串联活塞向右运动，两缸右腔的油液同时排出，这种油缸的推力等于两缸推力的总和。由于增加了活塞的有效面积，因而使活塞杆上的推力或拉力得到增加。设进油压力为 p，活塞直径为 D，活塞杆直径为 d，不考虑摩擦损失，增力缸的牵引力为

$$F = p\frac{\pi}{4}D^2 + p\frac{\pi}{4}(D^2 - d^2) = p\frac{\pi}{4}(2D^2 - d^2) \quad (3\text{-}15)$$

当单个液压缸推力不足，缸径因空间限制不能加大，但轴向长度允许增加时，可采用这种增力缸。增力缸另一个用途是作多缸的同步装置，这时常称为等量分配缸或等量缸。

2. 增压缸

图 3-21 所示为由活塞缸和柱塞缸组合而成的增压缸，用以使液压系统中的局部区域获得高压。在这里活塞缸中活塞的有效工作面积大于柱塞的有效工作面积，所以向活塞缸无杆腔送入低压油时，可以在柱塞缸那里得到高压油，它们之间的关系为

$$\frac{\pi}{4}D^2 p_1 = \frac{\pi}{4}d^2 p_2 \tag{3-16}$$

$$p_2 = \left(\frac{D}{d}\right)^2 p_1 = K p_1 \tag{3-17}$$

式中 p_1、p_2——增压缸的输入压力（低压）、输出压力（高压）；

D、d——活塞、柱塞的直径；

K——增压比，$K = D^2/d_2$。

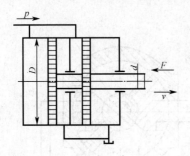

图 3-20 增力缸示意图

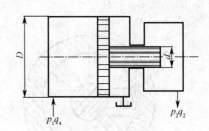

图 3-21 增压缸示意图

由上式可知，当 $D=2d$ 时，$p_2 = 4p_1$，即压力增大 4 倍。单作用增压缸只能单方向间歇增压，若要连续增压就需采用双作用式增压缸。

3. 伸缩式液压缸

图 3-22 所示为伸缩式液压缸的结构图，它是由两套活塞缸套装而成，当压力油从 A 口通入，活塞 1 先伸出，然后活塞 2 伸出。当压力油从 B 口通入，活塞 2 先缩入，然后活塞 1 缩入。总之，按活塞的有效工作面积大小依次动作，有效面积大的先动，小的后动。伸出时的推力和速度是分级变化的，活塞 1 有效面积大，伸出时推力大速度低，第二级活塞 2 伸出时推力小速度高。这种液压缸的特点是在各级活塞依次伸出时可以获得较长的行程，而在收缩后轴向尺寸很小。常用于翻斗汽车、起重机和挖掘机等工程机械上。

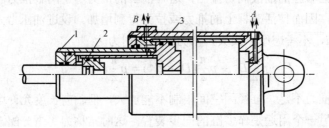

1—活塞（缸体）；2—活塞；3—缸体

图 3-22 伸缩式液压缸

模块三 液压传动执行元件

练习与思考

1. 液压缸主要有哪几种类型？各有什么特点？各适用于什么场合？
2. 设计一差动连接的液压缸，泵的流量为 $q=25\text{L/min}$，压力为 6.3MPa，工作台快进、快退速度为 5m/min，试计算液压缸的内径 D 和活塞杆的直径 d。
3. 如图 3-23 所示，两个结构相同相互串联的液压缸，无杆腔的面积 $A_1=100\text{cm}^2$，有杆腔的面积 $A_2=80\text{cm}^2$，缸 1 输入压力 $p_1=0.9\text{MPa}$，输入流量 $q_1=12\text{L/min}$，不计损失和泄漏，求：
（1）两缸承受相同负载（$F_1=F_2$）时，该负载的数值及两缸的运动速度？
（2）缸 2 的输入压力是缸 1 的一半时（$p_2=p_1/2$），两缸各能承受多大负载？
（3）缸 1 不受负载（$F_1=0$）时，缸 2 能承受多大的负载？

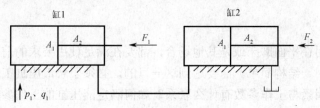

图 3-23 习题 3 图

任务八　平面磨床执行元件的选择

学习内容

基础知识
1. 液压缸主要尺寸的设计计算
2. 液压缸缸筒壁厚、活塞杆和缸盖的设计计算

基本技能
能对液压缸的主要性能尺寸和结构尺寸进行正确的计算与校核

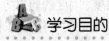学习目的

1. 了解液压缸的主要性能参数
2. 掌握液压缸的主要性能尺寸和结构尺寸的计算与校核

一、任务描述

平面磨床（如图 3-24 所示）的工作台在工作时要求作往复运动且速度和推力保持不变。我们通过本模块任务七的学习，已经知道可以选择双作用活塞式液压缸作为平面磨床工作台往复运动的液压系统的执行元件。但液压缸在实际使用过程中要满足使用要求，其结构设计

应考虑哪些参数？这些参数又由哪些因素来决定？

图 3-24　卧轴平面磨床

二、任务分析

液压缸无论是用在平面磨床或是其他场合，都要在满足使用要求的前提下，尽量使其质量轻、效率高、耐用、结构简单。而要达到这一目的，必须了解液压缸工作时哪些因素会影响使用要求，这些因素与工作参数有什么联系？如何确定液压缸的工作参数？下面就让我们一起来学习这方面的知识。

三、任务完成

液压缸是液压传动的执行元件，它与主机（机床）的工作机构有着直接的联系，对于不同的结构，液压缸同样具有不同的用途和要求，因此作为设计者在设计前应作调查研究，准备好必要的原始资料和设计依据，然后根据设计步骤，综合考虑，反复验算，才能获得较满意的效果。

1. 液压缸的主要尺寸计算

液压缸的主要尺寸包括缸的内径 D、活塞杆直径 d、液压缸的长度和活塞杆的长度等。

液压缸的内径和活塞杆的直径的确定方法与使用的液压缸设备类型有关，通常根据液压缸的推力（牵引力）和液压缸的有效工作压力来决定。

液压缸由于用途广泛，其结构形式和结构尺寸多种多样。一般情况下，采用标准件，但有时也需要自行设计。这里主要介绍液压缸的主要尺寸的计算及结构强度、刚度的验算方法。

液压缸内径 D 和活塞杆直径 d 可根据液压系统中的最大总负载和选取的工作压力来确定。对于单出杆的液压缸而言，无杆腔进油并且不考虑机械效率时，缸筒内径 D 为

$$D = \sqrt{\frac{4F_1}{\pi(p_1-p_2)} - \frac{d^2 p_2}{p_1-p_2}} \qquad (3\text{-}18)$$

有杆腔进油并且不考虑机械效率时，缸筒内径 D 为

$$D = \sqrt{\frac{4F_2}{\pi(p_1-p_2)} + \frac{d^2 p_1}{p_1-p_2}} \qquad (3\text{-}19)$$

式中，一般选取回油背压 $p_2=0$，式（3-18）和式（3-19）便可简化，即无杆腔、有杆腔进油

时缸筒内径分别为

$$D = \sqrt{\frac{4F_1}{\pi p_1}} \text{ 或 } D = \sqrt{\frac{4F_2}{\pi p_1} + d_2} \qquad (3\text{-}20)$$

上式中的活塞杆直径 d 可根据工作压力或设备类型选取,也可查机械设计手册或参见表 3-2。

表 3-2 液压缸工作压力与活塞杆直径

液压缸工作压力 p(MPa)	≤5	5~7	>7
推荐活塞杆直径 d(mm)	(0.5~0.55)D	(0.6~0.7)D	0.7D

当液压缸往复运动速度比有一定要求时,可得杆径 d 为

$$d = D\sqrt{\frac{\lambda_v - 1}{\lambda_v}} \qquad (3\text{-}21)$$

液压缸速度比 λ_v 参见表 3-3。计算所得的液压缸内径 D 和活塞杆直径 d 应查液压设计手册将其圆整到标准系列值,参见表 3-4 和表 3-5。

表 3-3 液压缸往复速度比 λ_v 推荐值

工作压力 p(MPa)	≤10	12.5~20	>20
往复速度比 λ_v	1.33	1.46,2	2

表 3-4 活塞直径系列

20	25	32	40	50	55	63	(65)	70	(75)
80	(85)	90	(95)	100	(105)	110	125	(130)	140
(150)	160	180	200	(220)	250	(280)	320	(360)	400
(450)	500	(560)	630	(710)	820	(900)	1000		

注:括号中尺寸尽量不用。

表 3-5 活塞杆直径系列

10	12	14	16	18	20	22	25	28	(30)
32	35	40	45	50	55	(60)	63	(65)	70
(75)	80	(85)	90	(95)	100	(105)	110	(120)	125
(130)	140	(150)	160	180	200	220	250	(260)	280
320	360	(380)	400	(420)	450	500	(520)	560	(580)

注:括号中尺寸尽量不用。

液压缸缸筒长度由活塞最大行程 L、活塞长度、活塞杆导向长度 H 和特殊要求的其他长度确定(如图 3-25 所示)。其中活塞长度 B=(0.6~1.0)D,导向套长度 A=(0.6~1.5)D,必要时可在导向套和活塞之间装一隔套 K。为了减少加工难度,一般液压缸的缸筒长度不应大于内径的 20~30 倍。

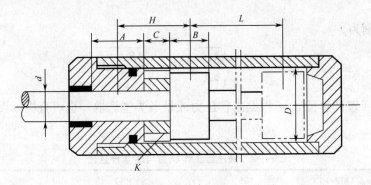

图 3-25 导向长度

2. 液压缸的校核

(1) 缸筒壁厚 δ 的校核

在液压传动系统,中、高压液压缸一般用无缝钢管制作缸筒,大多属薄壁筒,即 $\delta/D \leqslant 0.08$。按材料力学薄壁圆筒公式验算壁厚,即

$$\delta \geqslant \frac{p_{max}D}{2[\sigma]} \tag{3-22}$$

式中 p_{max}——缸筒内最高工作压力(指试验压力),考虑到液压缸可能承受冲击,试验压力要远大于工作压力;

D——缸筒内径;

$[\sigma]$——缸筒材料的许用应力,$[\sigma]=\sigma_b/n$,σ_b 为材料抗拉强度,n 为安全系数,一般取 $n=3.5\sim5$。

当液压缸采用铸造缸筒时,壁厚由铸造工艺确定,这时应按厚壁圆筒公式验算壁厚。当 $\delta/D=0.08\sim0.3$ 时,可用下式进行验算,即

$$\delta \geqslant \frac{p_{max}D}{2.3[\sigma]-3p_{max}} \tag{3-23}$$

当 $\delta/D \geqslant 0.3$ 时,或可用下式,即

$$\delta = \frac{D}{2}\left(\frac{[\sigma]+0.4p_{max}}{[\sigma]-1.3p_{max}}-1\right) \tag{3-24}$$

(2) 液压缸活塞杆稳定性验算

只有当液压缸活塞杆计算长度 $L \geqslant 10d$ 时,才进行其纵向稳定性的验算。验算可按材料力学有关公式进行,此处不再赘述。

(3) 液压缸缸盖固定螺栓直径校核

液压缸缸盖固定螺栓在工作过程中,同时承受拉应力和剪切应力,其螺栓直径可按下式校核,即

$$d_1 \geqslant \sqrt{\frac{5.2kF}{\pi Z[\sigma]}} \tag{3-25}$$

式中 d_s——螺栓螺纹的底径;

k——螺纹拧紧系数,一般取 $k=1.2\sim1.5$;

F——液压缸最大作用力;

Z——螺栓个数；

$[\sigma]$——螺栓材料的许用应力，$[\sigma]= \sigma_S/n$，σ_S 为螺栓材料的屈服极限，n 为安全系数，一般取 $n=1.2\sim2.5$。

练习与思考

缸径 $D=63$mm，活塞杆径 $d=28$mm，采用节流口可调式缓冲装置，环形缓冲腔小径 $d_c=35$mm，当缓冲行程 $l_c=25$mm，运动部件质量 $m=2000$kg，运动速度 $v_0=0.3$m/s，摩擦力 $F_f=950$N，工作腔压力 $p_p=70\times10^5$Pa 时，最大缓冲压力是多少？如缸筒强度不够时该怎么办？

模块四 液压传动控制元件

任务九 方向控制阀

 学习内容

基础知识
1. 换向阀的工作原理、结构、种类及其应用
2. 单向阀的工作原理、结构、种类及其应用

基本技能
能正确区分换向阀和单向阀的种类,识别各种换向阀和单向阀的职能符号

 学习目的

1. 掌握换向阀和单向阀的种类
2. 掌握换向阀和单向阀的结构及工作原理
3. 掌握换向阀和单向阀的职能符号
4. 了解换向阀和单向阀的应用

一、任务描述

如图 4-1 所示,为液压压力机的控制原理图。根据上一模块中对液压压力机工作过程的介绍可知,活塞杆可以作往返直线运动,从而将压力能转变为机械能对工件进行加工。那么液压缸的活塞运动方向的改变是如何实现的?

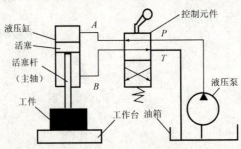

图 4-1 液压机液压系统

二、任务分析

从原理图中可以看出,只要改变液压油的流通路径,活塞下行时,上腔进油,下腔回油,反之,活塞上行时,下腔进油,上腔回油,就可以实现活塞运动方向的改变。而液压油流通路径就是靠控制元件来实现的,这个控制元件就是液压系统中的方向控制阀。基本的方向控制阀有换向阀和单向阀两种。下面我们一起学习换向阀和单向阀的基本知识。

三、任务完成

1. 换向阀

1)换向阀的结构

图 4-2 所示为换向阀的实物图和内部结构图。从结构图中可以看出,换向阀主要由阀芯 1、阀体 2、阀芯复位弹簧 3 和操纵装置 4 组成,阀体上有油口。

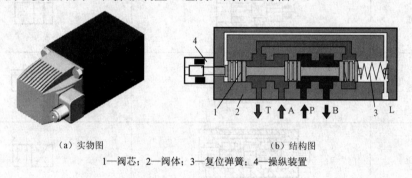

(a)实物图　　　　　　　　(b)结构图

1—阀芯;2—阀体;3—复位弹簧;4—操纵装置

图 4-2　换向阀

换向阀工作时,阀芯 1 在操纵装置的作用下沿阀体内腔移动,从而改变各个阀口间的通断情况。图示为 P 口与 B 口相通,且与 T 口和 A 口不相通,而 A 口与 T 口相通;当阀芯在操纵装置的作用下向右移动,则 P 口和 A 口相通,且与 T 口和 B 口不相通,而这时 B 口通过旁通道与 T 口相通;当操纵装置失去作用时,阀芯在弹簧 3 的作用下复位至图示位置。

2)换向阀的种类

(1)按阀的结构形式分为滑阀式、转阀式、球阀式、锥阀式。

(2)按阀的操纵方式分为手动式、机动式、电磁式、液动式、电液动式、气动式。

如图 4-3 所示是操纵装置的不同控制方式的表示符号。

(a)手动　(b)机动　(c)电动　(d)弹簧控制　(e)液动　(f)液压先导控制　(g)电液动

图 4-3　不同控制方式及符号

(3)按阀的工作位置数和控制的通道数分为二位二通阀、二位三通阀、二位四通阀、三位四通阀、三位五通阀等。

3)换向阀的"位"与"通"

上面提到换向阀有不同的"通"和"位",换向阀中的"通"和"位"是换向阀的重要概念,不同的"通"和"位"构成了不同类型的换向阀。

"位"是指阀芯相对于阀体所具有的不同的工作位置。"通"是指换向阀与液压系统油路相连的油口的数目。不同油道之间只能通过阀芯移位时阀口的开关来接通与断开。因此,我们所说的二位二通换向阀,就是指阀体上有两个不同工作位置,有两个可与系统中不同油管相连的油道口。同样,三位四通,三位五通也是。

液压传运回路图中通常用图形符号来代表换向阀的"通"和"位",也就是通常所说的换向阀的职能符号。不同"通"和"位"的滑阀式换向阀主体部分的结构形式和图形符号参见表 4-1。

表 4-1 换向阀的结构形式和职能符号

名 称	结构原理图	职 能 符 号
二位二通		
二位三通		
二位四通		
三位四通		

表 4-1 中职能符号的含义如下:
(1) 用方框表示阀的工作位置,有几个方框就表示有几"位"。
(2) 方框内的箭头表示油路处于接通状态,但箭头方向不一定表示液流的实际方向。
(3) 方框内符号"⊥"表示该通路不通。
(4) 方框外部连接的接口数有几个,就表示几"通"。
(5) 方框外部连接的进油口用字母 P 表示,阀与系统回油路连通的回油口用 T 表示(有时用 O 表示),阀与执行元件连接的油口用 A、B 等表示,有时在图形符号上用 L 表示泄油口。
(6) 换向阀都有两个或两个以上的工作位置,其中一个为常态位,即阀芯未受到操纵力时所处的位置。三位阀以上的图形符号中的中位为常态位,利用弹簧复位的二位阀则以靠近弹簧的方框内的通路状态为其常态位。注意:绘制系统图时,油路一般应连接在换向阀的常态位上。

4) 换向阀的滑阀机能

三位换向阀的阀芯处于中间位置时(常态位置),其油口间的通路有各种不同的连接方式，以适应各种不同的工作要求。这种常态时的内部通路形式称为滑阀机能。

三位四通换向阀的滑阀机能有很多种，常见的有表 4-2 中所列的几种。中间一个方框表示其原始位置，左右方框表示两个换向位，其左位和右位各油口的连通方式均为直通或交叉相通，所以只用一个字母来表示中位的形式。

表 4-2 换向阀的形式、符号及应用

型 式	符 号	中位油口状况、特点及应用
O 形		P、A、B、T 四口全封闭，液压缸闭锁，可于多个换向阀并联工作
H 形		P、A、B、T 四口全通，活塞浮动，在外力作用下可移动，泵卸荷
Y 形		P 封闭，A、B、T 口相通，活塞浮动，在外力作用下可移动，泵不卸荷
K 形		P、A、T 口相通，B 口封闭，活塞处于闭锁状态，泵卸荷
M 形		P、T 口相通，A 与 B 均封闭，活塞闭锁不动，泵卸荷，也可用多个 M 形换向阀并联工作
X 形		四油口处于半开启状态，泵基本上卸荷，但仍保持一定压力。
P 形		P、A、B 口相通，T 口封闭，泵与缸两腔相通，可组成差动回路
J 形		P 与 A 封闭，B 与 T 相通，活塞停止，但外力作用下可向一边移动，泵不卸荷
C 形		P 与 A 相通，B 与 T 封闭，活塞处于停止位置
U 形		P 与 T 封闭，A 与 B 相通，活塞浮动，在外力作用下可移动，泵不卸荷

5）换向阀的应用

图 4-4 所示为往复式工作台换向回路。若活塞缸 1 固定，当换向阀左位接入回路，液压油进入液压缸左腔，使得工作台右移。如果换向阀右位接入系统，液压油进入液压缸右腔，使工作台左移。当换向阀中位接入系统，液压缸左、右腔均没有液压油流入，且左、右腔不相通，工作台停止运动。

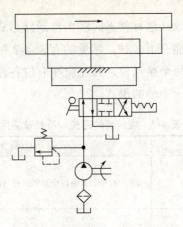

图 4-4 往复式工作台换向回路

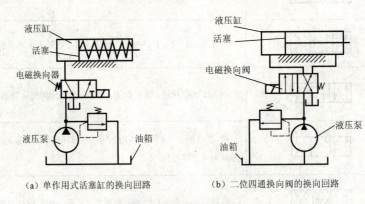

(a) 单作用式活塞缸的换向回路　　　　(b) 二位四通换向阀的换向回路

图 4-5 电磁换向阀的换向回路

图 4-5 所示为电磁换向阀的换向回路。

图 4-5（a）所示为单作用式活塞缸的换向回路。当电磁铁通电，换向阀右位接入系统，油液经换向阀进入液压缸左腔，活塞向右运动；当电磁铁断电，换向阀左位接入系统，左腔油液经换向阀流回油箱，活塞在弹簧（或其他外力）作用下，向左返回。

图 4-5（b）所示为二位四通换向阀的换向回路。当电磁铁通电，换向阀左位接入系统，油液进入液压缸的左腔，右腔油液经换向阀流回油箱，活塞向右运动；当电磁铁断电，换向阀右位接入系统，油液进入液压缸的右腔，左腔油液流回油箱，活塞向左运动。只要控制电磁铁的通电或断电，则缸中活塞便不断地左右运动。

通过上述内容的学习，我们就可以自己去分析一下本任务中提出的液压机执行元件的换向是如何实现的问题了。

2. 单向阀

单向阀从结构上来看，有普通单向阀和液控单向阀两种。

1）普通单向阀

普通单向阀又称止回阀，它使液体只能沿一个方向流过。对单向阀的主要性能要求：油液向一个方向通过时压力损失要小；反向不通时密封性要好；动作灵敏，工作时无撞击和噪声。

模块四 液压传动控制元件

（1）普通单向阀的工作原理和职能符号

图 4-6（a）所示为普通单向阀的工作原理图。当液流由 A 腔流入时，克服弹簧力将阀芯顶开，于是液流由 A 流向 B。当液流反向流入时，阀芯在液压力和弹簧力的作用下关闭阀口，使液流截止，液流无法流向 A 腔。单向阀实质上是利用流向所形成的压力差使阀芯开启或关闭。单向阀的职能符号如图 4-6（b）所示，一般在系统图中，我们都是使用简化符号，如图 4-6（c）所示。

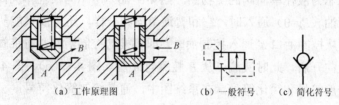

图 4-6 单向阀的工作原理图和图形符号

（2）普通单向阀的典型结构及应用

普通单向阀的结构如图 4-7 所示。按进出口流道的布置形式，单向阀可分为直通式和直角式两种。直通式单向阀进口和出流道在同一轴线上；而直角式单向阀进出口流道呈直角布置。图 4-7（a）所示为单向阀的实物图。图 4-7（b）所示为板式连接的直角式单向阀，在该阀中，液流顶开阀芯后，直接从阀体内部的铸造通道流出，压力损失小，而且只要打开端部旋塞即可对内部进行维修，十分方便。图 4-7（c）和图 4-7（d）所示为管式连接的直通式单向阀，它们可以直接装在管路上，比较简单，但液流阻力损失较大，而且维修、装拆及更换弹簧不便。

普通单向阀的开启压力一般为 0.035～0.05MPa，所以单向阀中的弹簧很软。单向阀也可以用作背压阀。将软弹簧更换成合适的硬弹簧，就成为背压阀。这种阀常安装在液压系统的回油路上，用以产生 0.2～0.6MPa 的背压力。

（3）普通单向阀的主要用途如下：

① 安装在液压泵出口，防止系统压力突然升高而损坏液压泵；防止系统中的油液在液压泵停机时倒流回油箱。

② 安装在回油路中作为背压阀。

③ 与其他阀组合成单向控制阀。

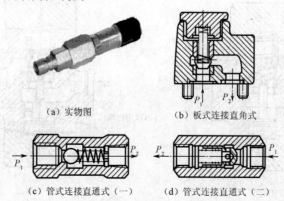

图 4-7 普通单向阀

2）液控单向阀

液控单向阀是允许液流向一个方向流动，反向开启则必须通过液压控制来实现的单向阀。液控单向阀可用作二通开关阀，也可用作保压阀，用两个液控单向阀还可以组成"液压锁"。

(1) 液控单向阀的工作原理和图形符号

图 4-8（a）所示为液控单向阀的实物图。图 4-8（b）所示为液控单向阀的工作原理图。当控制油口无压力油（$P_k=0$）通入时，它和普通单向阀一样，压力油只能从 A 腔流向 B 腔，不能反向倒流。若从控制油口 K 通入控制油时，即可推动控制活塞，将锥阀芯顶开，从而实现液控单向阀的反向开启，此时液流可从 B 腔流向 A 腔。图 4-8（c）、图 4-8（d）所示分别为液控单向阀的一般符号和简化符号。在系统图中，通常绘制简化符号。

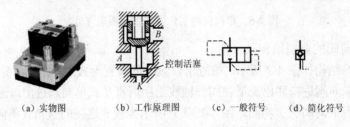

图 4-8 液控单向阀

(2) 液控单向阀的典型结构

液控单向阀有带卸荷阀芯的卸载式液控单向阀和不带卸荷阀芯的简式液控单向阀两种结构形式。

卸载式液控单向阀如图 4-9 所示，卸载式液控单向阀按其控制活塞处的泄油方式又有内泄式和外泄式两种。图 4-9（a）所示为内泄式，其控制活塞的背压腔与进油口 P_1 相通。外泄式如图 4-9（b）所示，它的活塞背压腔直接通油箱，这样反向开启时就可减小 P_1 腔压力对控制压力的影响，从而减小控制压力 P_K。故一般在反向出油口压力 P_1 较低时采用内泄式，高压系统采用外泄式。

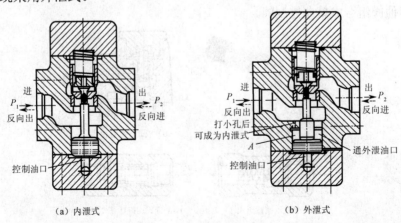

图 4-9 卸载式液控单向阀

模块四 液压传动控制元件

(3) 液控单向阀的主要功用

图 4-10 所示为液控单向阀的几种主要功用。

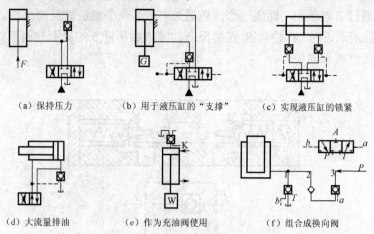

图 4-10　液控单向阀的主要用途

① 保持压力

滑阀式换向阀都有间隙泄漏现象，只能短时间保压，当有保压要求时，可在油路安装一个液控单向阀，如图 4-10（a）所示，利用锥阀关闭的严密性，使油路长时间的保压。

② 用于液压缸的"支撑"

如图 4-10（b）所示，液控单向阀接于液压缸下腔的油路，可防止立式液压缸的活塞和滑块等活动部分因滑阀泄漏而下滑。

③ 实现液压缸的锁紧状态

如图 4-10（c）所示，换向阀处于中位时，两个液控单向阀关闭，严密封闭液压缸两腔的油液，这时活塞就不能因外力作用而产生移动。

④ 大流量排油

如图 4-10（d）所示，液压缸两腔的有效工作面积相差较大。在活塞退回时，液压缸右腔排油量骤然增大，此时若采用小流量的滑阀，会产生节流作用，限制活塞的后退速度；若加设液控单向阀，在液压缸活塞后退时，控制压力油将液控单向阀打开，便可以顺利地将右腔油液排出。

⑤ 作为充油阀使用

立式液压缸的活塞在高速下降过程中，因高压油和自重的作用，致使下降迅速，产生吸空和负压，必须增设补油装置。如图 4-10（e）所示的液控单向阀作为充油阀使用，以完成补油功能。

⑥ 组合成换向阀

图 4-10（f）所示为液控单向阀组合成换向阀的例子，是用两个液控单向阀和一个单向阀组合而成的，相当于一个三位三通换向阀的换向回路。

四、知识拓展

双向液压锁

图 4-11 所示为双路液控单向阀又称双向液压锁，它是两个液控单向阀共用一个阀体 1 和

控制活塞 2 组成。当压力油从 A 腔进入时,依靠油压自动将左边的阀芯顶开,使油液从 A 腔→A_1 腔流动。同时,通过控制活塞 2 把右阀顶开,使 B 腔与 B_1 腔连通,将原来封闭在 B_1 腔通路上的油液通过 B 腔流出。即当一个油腔进油时,另一个油腔就反向出油。反之亦然;当 A、B 两腔都没有油液通过时,A_1 腔与 B_1 腔的反向油液依靠顶杆 3 的锥面与阀座的严密接触而封闭,这里执行元件被双向锁住。

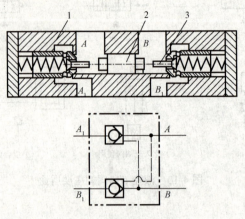

图 4-11 双路液控单向阀

1—阀体;2—控制活塞;3—顶杆

电液动换向阀

由于电磁阀吸力有限,电磁阀不能做成大规格的。需要大规格时都做成电液动换向阀。图 4-12(a)所示为电液动换向阀的工作示意图,图 4-12(b)所示为简化图形符号。它由大规格带阻尼器的液动换向阀和小规格电磁换向阀组合而成。其中,电磁阀是先导阀,液动阀是主阀。

电液动换向阀的工作原理:当先导电磁阀的电磁铁 1DT 和 2DT 都断电时,电磁处于中位,控制压力油进油口 P' 关闭,主阀芯在对中弹簧作用下处于中位,主油路进油口 P 也关闭。当 1DT 通电,电磁阀处于左位,控制压力油经 P'→A'→单向阀→主阀芯左端油腔,而回油从主阀芯右端油腔→节流阀→B'→T'→油箱。于是主阀切换到左位,主油路 P 与 B 通,A 与 T 通。当 2DT 通电、1DT 断电时,则有 P 与 A 通、B 与 T 通。

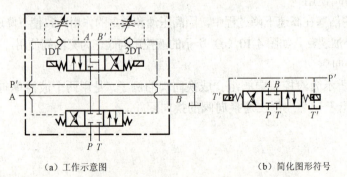

(a)工作示意图 (b)简化图形符号

图 4-12 电液动换向阀

模块四 液压传动控制元件

 练习与思考

1. 什么是换向阀的"位"？什么是换向阀的"通"？三位四通换向阀的中位机能有哪些？如何选择？
2. 换向阀的种类有哪些？用实例（参见图4-4）简述换向阀的换向原理。
3. 单向阀的种类有哪几种？其应用分别有哪些？
4. 参见图4-10（f），简述用液控单向阀组合成换向阀的工作原理。

任务十　压力控制阀

 学习内容

基础知识
1. 溢流阀的结构、工作原理及基本回路应用
2. 减压阀的结构、工作原理及应用
3. 顺序阀的结构、工作原理及应用

基本技能
能正确区分溢流阀、减压阀和顺序阀的结构和使用功能

 学习目的

1. 掌握溢流阀、减压阀、顺序阀的结构及工作原理
2. 了解溢流阀、减压阀、顺序阀在回路中的正确应用
3. 熟悉简单的压力控制回路

一、任务描述

液压式压锻机在工作时需要克服很大的材料变形阻力，这就需要在液压系统主供油回路中为液压油提供稳定的工作压力，同时为了保证系统安全，还必须保证系统过载时能有效地卸荷。那么在液压传动系统中是依靠什么元件来实现这一目的？这些元件又是如何工作的呢？

二、任务分析

稳定的工作压力是保证系统工作平稳的先决条件，同时，如果液压系统一旦过载，如无有效的卸荷措施，将会使液压传动系统中的液压泵处于过载状态，很容易发生损坏，液压传动系统中其他元件也会因超过自身的额定工作压力而损坏。因此，液压传动系统必须能有效地控制系统压力。

在液压传动系统中，担负此重任的就是压力控制阀。液压传动系统中控制工作液体压力的阀称为压力控制阀，简称压力阀。它们的共同特点是利用作用于阀芯上的油液压力和弹簧力相平衡的原理进行工作。

常见的压力控制阀有溢流阀、减压阀和顺序阀。溢流阀可以实现系统的卸荷和调压。

三、任务完成

1. 溢流阀

在液压系统中常用的溢流阀有直动式和先导式两种。直动式用于低压系统，先导式用于中、高压系统。图 4-13 所示为溢流阀的实物图、职能符号和工作原理图。其中，弹簧用来调节溢流阀的溢流压力，p 为作用在滑阀端面上的液压力，F 为弹簧力，假设滑阀左端的工作面积为 A。由图可知，$pA<F$ 时，阀芯在弹簧力作用下左移，阀口关闭，没有油液流回油箱。当系统压力升高到 $pA>F$ 时，弹簧被压缩，阀芯右移，阀口打开，部分油液流回油箱，限制系统压力继续升高，使压力保持在 $p=F/A$ 的恒定数值。调节弹簧压力 F，即可调节系统压力的大小。所以，溢流阀工作时阀芯随着系统压力的变动而左右移动，从而维持系统压力接近于恒定。

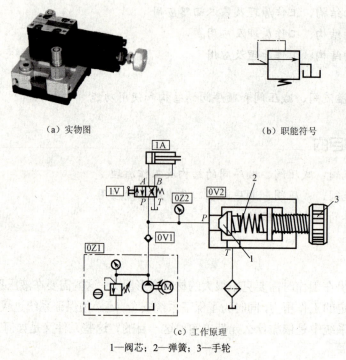

(a) 实物图　　(b) 职能符号

(c) 工作原理

1—阀芯；2—弹簧；3—手轮

图 4-13　溢流阀

1) 直动式溢流阀

直动式溢流阀能够使作用在阀芯上的进油压力直接与弹簧力相平衡。如图 4-14 所示是直动式溢流阀的结构图，P 是进油口，T 是回油口，进口压力油经阀芯上的阻尼小孔后直接作用在阀芯的左端面上。

当进油口压力较小时，阀芯在弹簧的作用下处于左端位置，将 P 和 T 两油口隔开，如图 4-14（a）所示。当进口压力升高，在阀芯左端产生的作用力超过弹簧力时，阀芯右移，阀口被打开,将多余的油排回油箱,如图 4-14(b)所示,保持进口压力近于恒定。

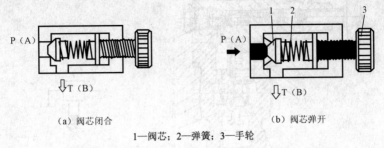

(a)阀芯闭合　　　　　　　　(b)阀芯弹开

1—阀芯；2—弹簧；3—手轮

图 4-14　直动式溢流阀

通过调整弹簧上的调整螺母可以改变弹簧力,也就调整了溢流阀的进口压力值。直动式溢流阀的滑动阻力大(弹簧较硬),特别是当流量较大时,阀的开口大,使弹簧有较大的变形量。这样,阀所控制的压力随着溢流流量的变化而有较大的变化(压力变化值大),故只适用于低压系统中。

2)先导式溢流阀

先导式溢流阀有多种结构,如图 4-15 所示是一种典型的先导式溢流阀,它由先导阀和主阀两部分组成。

该先导式溢流阀的工作原理:锥式先导阀 1、主阀芯上的阻尼孔 5(固定节流口)及调压弹簧一起构成先导级半桥分压式压力反馈控制,负责向主阀芯 6 的上腔提供经过先导阀稳压后的主级指令压力。主阀芯是主控回路的比较器,上端面作用有主阀芯的指令 p_2A_2,下端面作为主回路的侧压面,作用有反馈力 p_1A_1,其合力可驱动阀芯,调节溢流口的大小,最后达到对进口压力 p_1 进行调压和稳压的目的。工作时,液压力同时作用于主阀芯及先导阀芯的测压面上。当先导阀 1 未打开时,阀腔中没有油液流动,作用在主阀芯 6 上、下两个方向的压力相等,但因上端面的有效受压面积 A_2 大于下端面的有效受压面积 A_1,主阀芯在合力的作用下处于最下端位置,阀口关闭。当进油压力增大到使先导阀打开时,液流通过主阀芯上的阻尼孔 5、先导阀 1 流回油箱。由于阻尼孔的阻尼作用,使主阀芯 6 所受到的上下两个方向的液压力不相等,主阀芯在压差的作用下上移,打开阀口,实现溢流,并维持压力基本稳定。调节先导阀的调压弹簧 9,便可调整溢流压力。

3)溢流阀在液压系统中的功用

(1)溢流稳压。在液压系统中用定量泵和节流阀进行调速时,溢流阀可使系统的压力恒定,并且,节流阀调节的多余压力油可以从溢流阀溢流回油箱。

(2)限压保护。在液压系统中用变量泵进行调速时,变量泵的压力随负载变化,这时需防止过载,即设置安全阀(溢流阀用作安全阀)。在正常工作时,此阀处于常闭状态,过载时打开阀口溢流,使压力不再升高。

(3)卸荷。先导式溢流阀与电磁阀组成电磁溢流阀,控制系统卸荷。

(4)远程调压。将先导式溢流阀的外控口接上远程调压阀,便能实现远程调压。

(5)作背压阀使用。在系统回油路上接上溢流阀,造成回油阻力,形成背压,可改善执行元件的运动平稳性。背压大小可通过调节溢流阀的调定压力来获得。

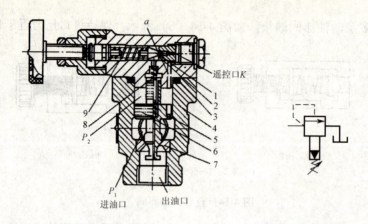

（a）工作原理图　　　　　　　　　　　　（b）职能符号

1—锥式先导阀；2—先导阀座；3—阀盖；4—阀体；5—阻尼孔；6—主阀芯；
7—主阀座；8—主阀弹簧；9—调压弹簧；10—调节螺钉；11—调节手轮

图 4-15　先导式溢流阀

2. 减压阀

按调节性能的不同，减压阀可分为定压（定值）减压阀，定比减压阀和定差减压阀。其中定压减压阀应用最广，这里着重介绍定压减压阀。

图 4-16 所示为定压减压阀的实物图、职能符号和结构图。P_1 口是进油口，P_2 口是出油口。阀不工作时，主阀芯在弹簧作用下处于最下端位置，阀的进、出油口是相通的，即阀是常开的。若出口压力增大，使作用在主阀芯下端的压力大于弹簧力时，主阀芯上移，关小阀口，这时主阀处于工作状态。若忽略其他阻力，仅考虑作用在阀芯上的液压力和弹簧力相平衡的条件，则可以认为出口压力基本上维持在某一定值——调定值上。这时如果出口压力减小，主阀芯就下移，开大阀口，阀口处阻力减小，压降减小，使出口压力回升到调定值；反之，若出口压力增大，则主阀芯上移，关小阀口，阀口处阻力加大，压降增大，使出口压力下降到调定值。

减压阀的主要作用是使液压系统某一支路获得比系统压力低的稳定压力，以满足执行机构的需要。主要应用于夹紧、定位油路，制动、离合油路，控制系统和润滑系统油路中。

3. 顺序阀

顺序阀是把压力作为控制信号，自动接通或切断某一油路，控制执行元件做顺序动作的压力阀。根据控制油路的不同，可分为直控顺序阀（简称顺序阀）和液控顺序阀（远控顺序阀、外控顺序阀）。

（1）直控顺序阀

顺序阀和溢流阀都是当进口油液的压力达到一定值时开启的，它有直动式和先导式两种不同的结构形式，一般使用的顺序阀多为直动式。直动式顺序阀的结构和工作原理与直动式溢流阀相似。图 4-17 所示为一种直动式顺序阀的结构图和职能符号。P_1 为进油口，P_2 为出油口。进油口的压力油通过阀芯中间的小孔作用在阀芯的底部。当进油口的压力较低时，阀芯在上部弹簧力的作用下处于下端位置，油口 P_1、P_2 被隔开。当进油口 P_1 的压力大于弹簧所调整的压力时，阀芯上移，进油口 P_1 处的压力油就从出油口 P_2 流出，以操纵另一个油缸或其他元件动作。

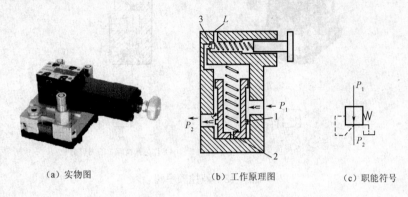

(a) 实物图　　(b) 工作原理图　　(c) 职能符号

1—主阀芯；2—阻尼孔；3—先导阀阀芯

图 4-16　定压减压阀

（2）液控顺序阀

图 4-18 所示为液控顺序阀的实物图、职能符号和结构原理图。液控顺序阀与直控顺序阀的主要区别在于液控顺序阀阀芯的下部有一个控制油口 K。当与油口 K 相通的外来控制油压超出阀芯上部弹簧的调定压力时，阀芯上移，油口 P_1 和 P_2 相通，液控顺序阀的泄油口 L 接回油箱。如将顺序阀当作卸荷阀使用时，可将出油口 P_2 接回油箱。这时将阀盖转一个角度，使它上面的小泄漏孔与阀体上的出油口 P_2 接通（图中未标出），可以省掉一根回油管路。当液控顺序阀作为卸荷阀使用时的图形符号如图 4-18（d）所示。

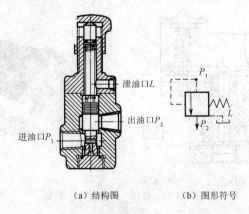

(a) 结构图　　(b) 图形符号

图 4-17　直动式顺序阀

顺序阀和溢流阀的结构基本相似，不同的只是顺序阀的出油口通向系统的另一压力油路，而溢流阀的出油口通油箱。此外，由于顺序阀的进、出油口均为压力油，所以它的泄油口必须单独外接油箱。

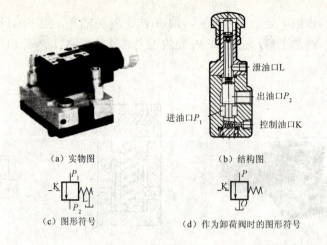

(a) 实物图 (b) 结构图
(c) 图形符号 (d) 作为卸荷阀时的图形符号

图 4-18 液控顺序阀

四、知识拓展

压力继电器

压力继电器是一种将油液的压力信号转换成电信号的电液控制元件，当油液压力达到压力继电器的调定压力时，即发出电信号，以控制电磁铁、电磁离合器、继电器等元件动作，使油路卸压、换向，使执行元件实现顺序动作，或者关闭电动机使系统停止工作，起安全保护作用。图 4-19 所示为常用柱塞式压力继电器的结构示意图和职能符号。当从压力继电器下端进油口通入的油液压力达到调定压力值时，推动柱塞上移，此位移通过杠杆放大后推动开关动作。改变弹簧的压缩量即可以调节压力继电器的动作压力。压力继电器必须放在压力有明显变化的回路上才能输出电信号。

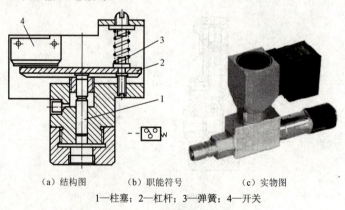

(a) 结构图 (b) 职能符号 (c) 实物图
1—柱塞；2—杠杆；3—弹簧；4—开关

图 4-19 压力继电器

练习与思考

1. 简述溢流阀的工作原理及在液压系统中的作用。

2. 溢流阀有哪几种形式？分别应用于哪种液压系统（压力）？
3. 顺序阀的作用是什么？有哪几种形式？
4. 溢流阀、减压阀、顺序阀有哪些异同点？
5. 如图 4-20 所示，各溢流阀的调整压力 p_1=5MPa，p_2=3MPa，p_3=2MPa，问负载趋于无穷大时，泵出口压力为多少？

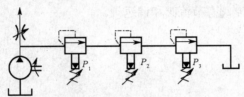

图 4-20　习题 5 图

任务十一　流量控制阀

 学习内容

基础知识
1. 节流阀的结构、工作原理及节流口的形式
2. 调速阀的结构、工作原理及其特点
3. 节流调速回路的特点及其应用

基本技能
能正确区分节流阀和调速阀的结构特点及节流调速回路的应用

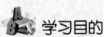 学习目的

1. 了解节流阀和调速阀的结构及工作原理
2. 掌握节流阀和调速阀在回路中的正确应用
3. 了解节流阀节流口形式及节流阀与调速阀的区别
4. 认识液压系统中的速度控制回路

一、任务描述

在模块三任务八中，我们知道平面磨床工作台的往复直线运动是用液压系统控制的。在实际工作中，为了适应不同工件的切削加工，要求平面磨床工作台的往复运动速度可以调节。那么，在液压系统中，是用什么元件来实现液压系统执行元件的运动速度的调节呢？

二、任务分析

通过模块三《液压传动执行元件》的学习可知，液压系统中执行元件的运动速度取决于执行元件的尺寸参数和流入执行元件的液压油的流量。平面磨床中的液压执行元件是液压缸。而液压缸的有效作用面积在系统中已经是确定的,因此,影响液压缸运动速度的因素主要是流入液压缸的压力油的流量。我们只需要调节进入工作台液压缸的压力油流量,就可以实现平面磨床工作台往复运动速度的调节。在液压系统中,这个工作是由流量控制阀来完成的。通过调节进入液压缸的压力油流量从而改变液压缸运动速度的这种控制元器件称为流量控制阀。最常用的流量控制阀有节流阀和调速阀。

三、任务完成

1. 节流阀

节流阀有普通节流阀和单向节流阀二种。普通节流阀可以实现双向节流调节,而单向节流阀则只能对特定方向进行节流调节。

(1) 普通节流阀的结构及工作原理

图 4-21 所示为普通节流阀的结构原理图、职能符号图和实物图。压力油从进油口 P_1 流入,经节流口从 P_2 流出。节流口的形式为轴向三角沟槽式。这种节流阀作用于节流阀芯上的力是平衡的,因而调节力矩较小,便于在高压下进行调节。当调节节流阀的手轮时,可通过顶杆推动节流阀芯上下移动。节流阀芯的复位靠弹簧力来实现。节流阀芯的上下移动改变着节流口的开口量,从而实现对流体流量的调节。

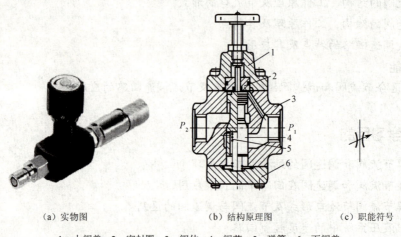

(a) 实物图　　　　(b) 结构原理图　　　　(c) 职能符号

1—上阀盖;2—密封圈;3—阀体;4—阀芯;5—弹簧;6—下阀盖

图 4-21　普通节流阀

(2) 单向节流阀的结构及工作原理

图 4-22 所示为单向节流阀的实物图、结构原理图和职能符号。其结构是把节流阀芯分成了上阀芯和下阀芯两部分。当流体正向流动时,其节流过程与节流阀是一样的,节流缝隙的大小可通过手柄进行调节;当流体反向流动时,靠油液的压力把下阀芯压下,下阀芯起单向阀作用,单向阀打开,可实现流体反向自由流动。

模块四 液压传动控制元件

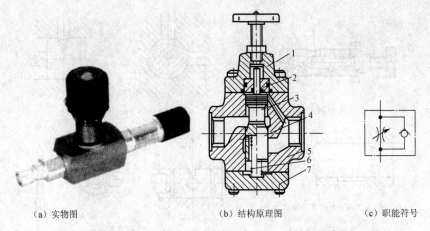

(a) 实物图　　　　　(b) 结构原理图　　　　(c) 职能符号

1—顶盖；2—导套餐；3—上阀芯；4—下阀芯；5—阀体；6—复位弹簧锁；7—底座

图 4-22　单向节流阀

(3) 节流阀节流口形式与特征

节流口是流量阀的关键部位，节流口形式及其特性在很大程度上决定着流量控制阀的性能。如图 4-23 所示。

图 4-23 (a) 所示为针阀式节流口。针阀做轴向移动时，调节了环形通道的大小，由此改变了流量。这种结构加工简单。但节流口长度大，水力半径小，易堵塞，流量受油温变化的影响也大，一般用于要求较低的场合。

图 4-23 (b) 所示为偏心式节流口。在阀芯上开一个截面为三角形（或矩形）的偏心槽，当转动阀芯时，就可以改变通道大小，由此调节了流量。偏心槽式结构因阀芯受径向不平衡力，高压时应避免采用。

图 4-23 (c) 所示为轴向三角槽式节流口。在阀芯端部开有一个或两个斜的三角槽，轴向移动阀芯就可以改变三角槽通流面积，从而调节了流量。在高压阀中有时在轴端铣两个斜面来实现节流。轴向三角槽式节流口的水力半径较大，小流量时的稳定性较好。

图 4-23 (d) 所示为缝隙式节流口。阀芯上开有狭缝，油液可以通过狭缝流入阀芯内孔再经左边的孔流出，旋转阀芯可以改变缝隙的通流面积大小。这种节流口可以做成薄刃结构，从而获得较小的稳定流量，但是阀芯受径向不平衡力，故只适用于低压节流阀中。

图 4-23 (e) 所示为轴向缝隙式节流口。在套筒上开有轴向缝隙，轴向移动阀芯就可以改变缝隙的通流面积大小。这种节流口可以作成单薄刃或双薄刃式结构，流量对温度不敏感。在小流量时水力半径大，故小流量时的稳定性好，因而可用于性能要求较高的场合（如调速阀中）。但节流口在高压作用下易变形，使用时应改善结构的刚度。

在上述节流阀五种形式的节流口中，针阀式和偏心式节流口由于节流通道长，故节流口前后压差和温度变化对流量的影响较大，也容易堵塞，只能用在性能要求不高的场合。对于轴向缝隙式节流口，由于节流口上部铣了一个槽，使其厚度减薄到 0.07～0.09mm，故称为薄刃式节流口，其性能较好，可以得到较小的稳定流量。

72 液压与气动传动

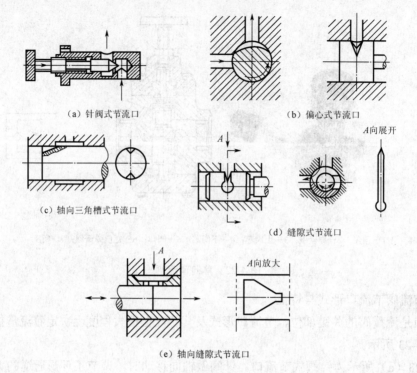

(a) 针阀式节流口
(b) 偏心式节流口
(c) 轴向三角槽式节流口
(d) 缝隙式节流口
(e) 轴向缝隙式节流口

图 4-23 节流阀节流口

2. 调速阀

节流阀阀口两端的压力差会随负载的变化而变化,使流经节流阀的流量和执行元件的运动速度发生变化。要解决这个问题,我们可以采用调速阀。

根据流量负反馈的原理不同,调速阀有串联减压式调速阀和溢流节流阀两种主要类型。调速阀和节流阀在液压系统中的应用基本相同,主要与定量泵、溢流阀组成节流调速系统。节流阀适用于一般的节流调速系统,而调速阀适用于执行元件负载变化大而运动速度要求稳定的系统中,也可用于容积节流调速回路中。

(1) 串联减压式调速阀的工作原理

图 4-24 所示为串联减压式调速阀,这是由定差减压阀 2 和节流阀 4 串联而成的组合阀。节流阀 4 充当流量传感器,节流阀口不变时,定差减压阀 2 作为流量补偿阀口,通过流量负反馈,自动稳定节流阀前后的压差,保持其流量不变。因节流阀(传感器)前后压差基本不变,调节节流阀口面积时,又可以人为地改变流量的大小。

设减压阀的进口压力为 p_1,负载串接在调速阀的出口 P_3 处。节流阀(流量—压差传感器)前、后的压力差 (p_2-p_3) 代表着负载流量的大小,p_2 和 p_3 作为流量反馈信号的弹簧(充当指令元件)力相平衡,减压阀阀芯平衡在某一位置。减压阀两端的测压活塞做得比阀口阀芯更粗的原因是为了增大反馈力以克服液动力和摩擦力的不利影响。

当负载压力 p_3 增大引起负载流量和节流阀的压差 (p_2-p_3) 变小时,作用在减压阀芯右(下)端的压力差也随着减小,阀芯右(下)移,减压口加大,压降减小,使 p_2 也增大,从而使节流阀的压差 (p_2-p_3) 保持不变;反之,亦然。这样就使调速阀的流量恒定不变(不受负载影响)。

模块四 液压传动控制元件

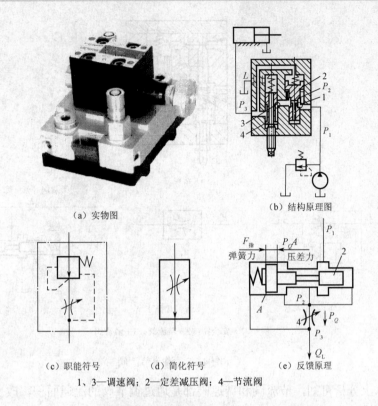

(a) 实物图　　(b) 结构原理图

(c) 职能符号　(d) 简化符号　(e) 反馈原理

1、3—调速阀；2—定差减压阀；4—节流阀

图 4-24 调速阀

（2）溢流节流阀

溢流节流阀与负载相并联，采用并联溢流式流量负反馈，可以认为它是由定差溢流阀和节流阀并联组成的组合阀。其中，节流阀充当流量传感器，节流阀口不变时，通过自动调节起定差作用的溢流口的溢流量来实现流量负反馈，从而稳定节流阀前后的压差，保持其流量不变。与调速阀一样，节流阀（传感器）前后压差基本不变，调节节流口时，可以改变流量的大小。溢流节流阀能使系统压力随负载变化，没有调速阀中减压阀口的压差损失，功率损失小，是一种较好的节流元件，但流量稳定性略差一些，尤其在小流量工况下更为明显。因此，溢流节流阀一般用于对速度稳定性要求相对较高，而且功率较大的进油路节流调速系统中。

图 4-25 所示为溢流节流阀的工作原理图和图形符号。溢流节流阀有一个进油口 P_1、一个出油口 P_2 和一个溢流口 T，因而也称为三通流量控制阀。来自液压泵的压力油 p_1，一部分经节流阀进入执行元件；另一部分则经溢流阀回油箱。节流阀的出口压力为 p_2，p_1 和 p_2 分别作用于溢流阀阀芯的两端，与上端的弹簧力相平衡。节流阀口前后压差即为溢流阀阀芯两端的压差，溢流阀阀芯在液压作用力和弹簧力的作用下处于某一平衡位置。当执行元件负载增大时，溢流节流阀的出口压力 p_2 增加，于是作用在溢流阀阀芯上端的液压力增大，使阀芯下移，溢流口减小，溢流阻力增大，导致液压泵出口压力 p_1 增大，即作用于溢流阀阀芯下端的液压力随之增大，从而使溢流阀阀芯两端受力恢复平衡，节流阀口前后压差（p_1-p_2）基本保持不变，通过节流阀进入执行元件的流量可保持稳定，而不受负载变化的影响。这种溢流节流阀上还附有安全阀，以免系统过载。

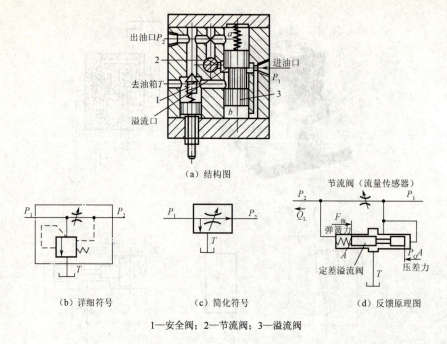

图 4-25 溢流节流阀

通过以上分析可知,节流阀和调速阀都是通过调节阀的流通面积,改变通过阀的流量,从而调节液压缸的运动速度。但节流阀出油口的压力随负载变化而变化,影响节流阀流量的均匀性,使液压缸的运动速度不稳定。而调速阀却可以使进、出油口压力差保持不变,从而使液压缸的运动速度更稳定。所以,节流阀一般应用于负载较轻、速度不高或负载变化不大的场合,而调速阀通常应用于负载较重、速度较高或负载变化较大的场合。

四、知识拓展

新型液压阀

近几年来,随着液压技术的迅速发展,一些新型的控制阀相继出现,如叠加式液压阀、插装阀、电液比例阀等。它们的出现,扩大了阀类元件的品种和液压系统的使用范围,为液压技术的发展、普广开辟了新的道路。

1. 叠加式液压阀

叠加式液压阀简称叠加阀,它是一种新型的集成式液压元件,图 4-26(a)所示为叠加阀的装置图,从图中我们可以看出,叠加阀是由多种板式阀集成在一起而形成的,采用这种阀组成液压系统时无需另外的连接块,它以自身的阀体为连接体直接叠合而成所需的液压传动系统。这种阀既具有一般液压元件的控制功能,又起到通道体的作用。叠加阀自成体系,每一种通道径系列的叠加阀,其主油路和螺栓连接孔的大小、位置、数量都与所选用的相应通径的板式换向阀相同,因此,同一通径的叠加阀都能按要求叠加起来组成各种不同控制功能的系统。图 4-25(b)所示为叠加阀的系统图。

模块四 液压传动控制元件

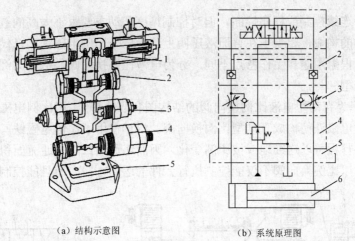

(a) 结构示意图 (b) 系统原理图

1—三位四通电磁换向阀；2—叠加式双向液压锁；3—叠加式双口进油路单向节流阀；4—叠加式减压阀；5—底板；6—执行元件

图 4-26 叠加式液压阀

2. 插装阀

插装阀也称插装式锥阀或逻辑阀，是古老锥阀的新应用，配以盖板、先导阀组成的一种多功能的复合阀。图 4-27 所示为插装阀的基本结构和职能符号。插装阀主要由锥阀组件、阀体、控制盖板及先导元件组成。阀套 2、弹簧 3 和锥阀 4 组成锥阀组件，插装在阀体 5 的孔内。上面的盖板 1 上设有控制油路与其先导元件连通（先导元件图中未画出）。锥阀组件上配置不同的盖板，就能实现各种不同的功能。同一阀体内可装入若干个不同机能的锥阀组件，加上相应的盖板和控制元件组成所需要的液压回路或系统，可使结构更紧凑。

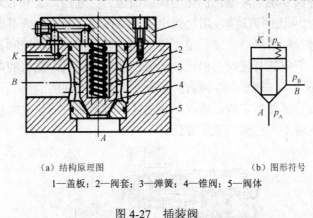

(a) 结构原理图 (b) 图形符号

1—盖板；2—阀套；3—弹簧；4—锥阀；5—阀体

图 4-27 插装阀

3. 电液比例阀

电液比例阀是一种以根据输入信号的大小连续成比例地对油液的压力、流量、方向实现远距离控制的阀。与手动调节的普通液压阀相比，电液比例阀能够提高液压系统参数的控制水平。电液比例阀具有结构简单、成本低、抗污染，容易组成使用电气及计算机控制的各种电液系统，控制精度高，安装使用灵活，以及抗污染能力强等多方面优点，所以应用于要求对液压参数进行连续控制或程序控制,但对控制精度和动态要求不太高的液压系统中。

电液比例阀的构成,相当于在普通液压阀上装上一个比例电磁铁,以代替原有的控制部分。电液比例阀根据用途和工作特点不同,分为电液比例换向阀、电液比例压力阀和电液比例调速阀三种类型。

图 4-28 所示为直动型电液比例换向阀的结构图和职能符号。用比例电磁铁替代普通电磁换向阀中的普通电磁铁便构成直动型比例换向阀。由于使用了比例电磁铁,阀芯不仅可以换位,而且换位的行程可以连续地或按比例变化,因而连通油口间的通流面积也可以连续地或按比例变化,所以比例换向阀不仅能控制执行元件的运动方向,而且能控制其速度。

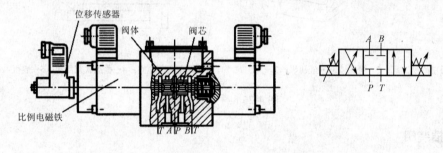

(a) 结构示意图　　　　　　　　(b) 图形符号

图 4-28　直动型电液比例换向阀

图 4-29 所示为比例溢流阀的结构图和职能符号。用比例电磁铁代替溢流阀的调压螺旋手柄,构成比例溢流阀。图中下部为溢流阀,上部为比例先导阀。比例电磁铁的衔铁 4,通过顶杆 6 控制先导锥阀 2,从而控制溢流阀芯上腔压力。使控制压力与比例电磁铁输入电流成比例。其中手调先导阀 9 用来限制比例压力阀最高压力。远控口 K 可以用来进行远程控制。

图 4-30 所示为电液比例调速阀,用比例电磁铁替代调速阀中的调节螺帽即为电液比例调速阀。以输入电信号控制节流口开度,便可连续地或按比例地远程控制其输出流量,实现执行部件的速度调节,图中的节流阀芯由比例电磁铁的推杆操纵,输入的电信号不同,则电磁力不同,推杆受力不同,与阀芯左端弹簧力平衡后,便有不同的节流口开度。由于定差减压阀已保证了节流口前后压差为定值,所以一定的输入电流就对应一定的输出流量,不同的输入信号变化,就对应着不同的输出流量变化。

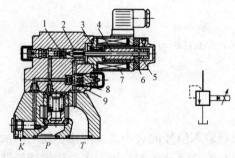

(a) 结构示意图　　　　　　　　(b) 图形符号

1—先导阀座;2—先导锥阀;3—极靴;4—衔铁;5、8—弹簧;6—顶杆;7—线圈;9—手调先导阀

图 4-29　电液比例压力阀

模块四 液压传动控制元件

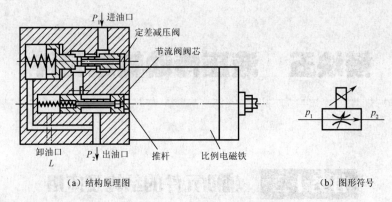

(a) 结构原理图 (b) 图形符号

图 4-30 电液比例调速阀

 练习与思考

1. 简述调速阀的工作原理。
2. 液压系统中常用的流量控制阀有哪些？有何异同点？
3. 什么是调速阀的关键部位？有哪几种形式？
4. 电液比例阀与普通液压阀结构上的主要区别有哪些？其主要特点又是什么？
5. 插装阀怎样组合可作四通阀应用？

模块五　液压传动辅助元件

任务十二　辅助元件的结构及应用

 学习内容

基础知识
1. 液压传动系统辅助元件的类型及结构
2. 液压传动系统辅助元件的功用

基本技能
能正确选用液压传动系统中的各种辅助元件

 学习目的

1. 了解液压传动系统中辅助元件的种类
2. 了解液压传动系统辅助元件的结构并掌握其功用

一、任务描述

在一个完整的液压系统当中，除必不可少的控制介质外，还要有动力部分、执行部分、控制部分和辅助部分。前面的模块当中我们已经了解到前面三个部分的主要功能和作用，那么辅助部分有哪些元件呢？辅助部分在液压系统当中又有哪些作用？

二、任务分析

液压辅助元件包括油管和管接头、密封件、过滤器、液压油箱、热交换器、蓄能器等，它们是液压系统不可缺少的部分。辅助元件对系统的工作稳定性、可靠性、寿命、噪声、温升甚至动态性能都有直接影响。其中，液压油箱一般根据系统的要求自行设计，其他辅助元件都有标准化产品供选用。下面我们一起来学习液压油系统辅助元件的结构及其功用。

三、任务完成

1. 蓄能器

1）蓄能器的类型

模块五 液压传动辅助元件

蓄能器按储能方式分,主要有重力加载式、弹簧加载式和气体加载式三种类型。

(1) 重力加载式蓄能器

这种蓄能器的结构原理如图 5-1 所示,它利用重锤的势能变化来储存、释放能量。重锤通过柱塞作用在油液上,蓄能器产生的压力取决于重锤的质量和柱塞的大小。它的特点是结构简单、压力恒定、能提供大容量、压力高的油液,最高工作压力可达 45MPa。但它体积大、笨重、运动惯性大、反应不灵敏、密封处易泄漏、摩擦损失大。因此,常用于大型固定设备。

(2) 弹簧加载式蓄能器

这种蓄能器的结构原理如图 5-2 所示,它利用弹簧的压缩能来储存能量,产生的压力取决于弹簧的刚度和压缩量。它的特点是结构简单、反应较灵敏。但容量小、有噪声,使用寿命取决于弹簧的寿命。所以不宜用于高压和循环频率较高的场合,一般在小容量或低压系统中做缓冲之用。

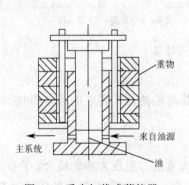

图 5-1 重力加载式蓄能器

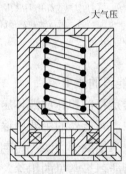

图 5-2 弹簧加载式蓄能器

(3) 气体加载式蓄能器

气体加载式蓄能器的工作原理建立在波意耳定理的基础上,利用压缩气体(通常为氮气)储存能量。这种蓄能器有气瓶式、活塞式、气囊式等几种结构形式,如图 5-3 所示。

图 5-3(a)所示为气瓶式蓄能器结构原理图,气体 2 和液压油 1 在蓄能器中直接接触,故又称气液直接接触式(非隔离式)蓄能器。这种蓄能器容量大、惯性小、反应灵敏、外形尺寸小、没有摩擦损失。但气体易混入(高压时溶于)油液中,影响系统工作平稳性,而且耗气量大,必须经常补充。所以气瓶式蓄能器适用于中、低压大流量系统。

图 5-3(b)所示为活塞式蓄能器。这种蓄能器利用活塞 3 将气体 2 和液压油 1 隔开,属于隔离式蓄能器。其特点是气液隔离、油液不易氧化、结构简单、工作可靠、寿命长、安装和维护方便。但由于活塞惯性和摩擦阻力的影响,导致其反应不灵敏,容量较小,所以对缸筒加工和活塞密封性能要求较高。一般用来储能或供高、中压系统做吸收脉动之用。

图 5-3(c)所示为气囊式蓄能器。这种蓄能器主要由壳体 5、皮囊 6、进油阀 7 和充气阀 4 等组成,气体和液体由皮囊隔开。壳体是一个无缝耐高压的外壳,皮囊用特殊耐油橡胶做原料与充气阀一起压制而成。进油阀是一个由弹簧加载的菌形提动阀,它的作用是防止油液全部排出时气囊被挤出壳体之外。充气阀只在蓄能器工作前用来为皮囊充气,蓄能器工作时则始终关闭。这种蓄能器允许承受的最高工作压力可达 32MPa,具有惯性小、反应灵敏、尺寸小、质量轻、安装容易、维护方便等优点。缺点是皮囊和壳体制造工艺要求较高,而皮

囊强度不够高，压力的允许波动值受到限制，只能在-20～70℃的温度范围内工作。蓄能器所用皮囊有折合形和波纹形两种。

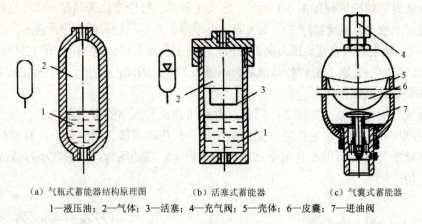

(a) 气瓶式蓄能器结构原理图　　(b) 活塞式蓄能器　　(c) 气囊式蓄能器
1—液压油；2—气体；3—活塞；4—充气阀；5—壳体；6—皮囊；7—进油阀

图5-3　气体加载式蓄能器

2) 蓄能器的作用

蓄能器是存储和释放液体压力能的装置，它存储高压油，在需要的场合和时间使用。在液压系统中，蓄能器的主要用途如下：

（1）作为辅助动力源，短期大量供油

这是蓄能器最常见的用途，用于在短时间内系统需要大量压力油的场合。在执行元件有间歇动作的液压系统中，当系统不需要大量油液时，蓄能器将液压泵输出的压力油存储起来；在需要时，再快速释放出来，以实现系统动作循环。这样系统可采用小流量规格的液压泵，既能减少功率损耗，又能降低系统温升。

（2）维持系统压力

在液压泵卸荷或停止向执行元件供油时，由蓄能器释放储存的压力油，补偿系统泄漏，维持系统压力。此外，蓄能器还可用作应急液压源，这样可在一段时间内维持系统压力，避免因原动机或液压泵出现故障时液压源突然中断造成机件损坏等事故。

（3）吸收冲击压力和脉动压力

蓄能器能吸收冲击和脉动压力是因为它除有储能作用外，还有缓冲作用。常用蓄能器吸收系统中因液压泵、液压缸突然启动或停止、液压阀突然关闭或换向引起的液压冲击及液压泵因流量脉动而引起的压力脉动。

3) 蓄能器的安装

蓄能器安装时应注意以下几点：

（1）皮囊式蓄能器应垂直安装，使油口向下，充气阀朝上。

（2）用于吸收冲击压力和脉动压力的蓄能器应尽可能安装在靠近振源处。

（3）装在管路上的蓄能器必须用支撑板或支持架固定。

（4）蓄能器与管路系统之间应安装截止阀，便于充气、检修；蓄能器与液压泵之间应安装单向阀，防止液压泵停转或卸荷时蓄能器存储的压力油倒流。

2. 过滤器

1) 过滤器的形式及典型结构

液压系统中常用的过滤器,也称滤油器。按滤芯形式分,有网式、线隙式、纸芯式、烧结式、磁式等;按连接方式又可分为管式、板式、法兰式和进油口用四种。

(1) 网式过滤器

网式过滤器结构如图 5-4 所示,它由上盖 2、下盖 4 和几块不同形状的金属丝编织方孔网或金属编织的特种网 3 组成。为使过滤器具有一定的机械强度,金属丝编织方孔网或网包在四周都开有圆形窗口的金属或塑料圆筒芯架上。标准产品的过滤精度只有 80μm、100μm、180μm 三种,压力损失小于 0.01MPa,最大流量可达 630L/min。网式过滤器属于粗过滤器,一般安装在液压泵吸油路上,用来保护液压泵。它具有结构简单、通油能力大、阻力小、易清洗等特点。

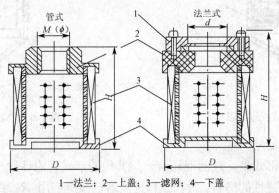

1—法兰;2—上盖;3—滤网;4—下盖

图 5-4 网式过滤器

(2) 线隙式过滤器

线隙式过滤器结构如图 5-5 所示,它由端盖 1、壳体 2、带有孔眼的筒型芯架 3 和绕在芯架外部的铜线或铝线 4 组成。过滤杂质的线隙是由每隔一定距离压扁一段的圆形截面铜线绕在芯架外部时形成的。这种过滤器工作时,油液从孔 a 进入过滤器,经线隙过滤后进入芯架内部,再由孔 b 流出。它的特点是结构较简单,过滤精度较高,通油性能好,其缺点是不易清洗,滤芯材料强度较低。这种过滤器一般安装在回油路或液压泵的吸油口处,有 30μm、50μm、80μm 和 100μm 四种精度等级,额定流量下的压力损失约为 0.02~0.15MPa。这种过滤器有专用于液压泵吸油口的 J 型,它仅由筒型芯架 3 和绕在芯架外部的铜线或铝线 4 组成。

(3) 纸芯式过滤器

这种过滤器与线隙式过滤器的区别只在于它用纸质滤芯代替了线隙式滤芯,如图 5-6 所示为其结构。纸芯部分是把平纹或波纹的酚醛树脂或木浆微孔滤纸绕在带孔的用镀锡铁片做成的骨架上。为了增大过滤面积,滤纸成折叠形状。这种过滤器的压力损失约为 0.01~0.12MPa,过滤精度高,有 5μm、10μm、20μm 等规格,但纸质滤芯易堵塞,无法清洗,经常需要更换,一般用于需要精过滤的场合。

(4) 金属烧结式过滤器

金属烧结式过滤器有多种结构形状。如图 5-7 所示是 SU 型结构,由端盖 1、壳体 2、滤芯 3 等组成。有些结构加有磁环 4 用来吸附油液中的铁质微粒，效果尤佳。滤芯通常由颗粒状青铜粉压制后烧结而成，它利用铜颗粒的微孔过滤杂质。它的过滤精度一般在 10～100 μm，压力损失为 0.03～0.2MPa。其特点是滤芯能烧结成杯状、管状、板状等各种不同的形状，制造简单、强度大、性能稳定、抗腐蚀性好、过滤精度高，适用于精过滤。缺点是铜颗粒易脱落，堵塞后不易清洗。

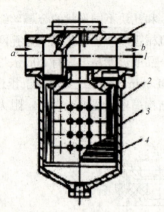 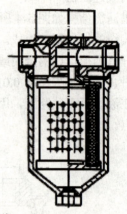

1—端盖；2—壳体；3—芯架；4—铜线或铝线

图 5-5　线隙式过滤器　　　　　图 5-6　纸芯式过滤器

（5）其他形式的过滤器

除了上述几种基本形式外，过滤器还有一些其他的形式。磁性过滤器是利用永久磁铁来吸附油液中的铁屑和带磁性的磨料；微孔塑料过滤器已推广应用。过滤器也可以做成复式的，例如，液压挖掘机液压系统中的过滤器，在纸芯式过滤器的纸芯内，装置一个圆柱形的永久磁铁，便于进行两种方式的过滤。为了便于安装，还有 SX 形上置式吸油过滤器、SH 形上置式回油过滤器和 CX 形侧置式吸油过滤器，在液压油箱盖板或侧板上开相应的孔就可以直接安装它们，维护非常方便。

2）过滤器上的堵塞指示装置和发信号装置

带有指示装置的过滤器能指示出滤芯堵塞的情况，当堵塞超过规定状态时发讯装置便发出报警信号，报警方法是通过电气装置发出灯光或音响信号或切断液压系统的电气控制回路使系统停止工作。图 5-8 所示为滑阀式堵塞指示装置的工作原理，过滤器进、出油口的压力油分别与滑阀左、右两腔连通，当滤芯通油能力良好时，滑阀两端压差很小，滑阀在弹簧作用下处于左端，指针指在刻度左端，随着滤芯的逐渐堵塞，滑阀两端压差逐渐加大，指针将随滑阀逐渐右移，给出堵塞情况的指示。根据指示情况，就可确定是否应清洗或更换滤芯。堵塞指示装置还有磁力式、片簧式等形式。将指针更换为电气触点开关就是发讯装置。

3）过滤器的选用和安装

（1）过滤器的选用

选用过滤器时，应考虑以下几点：

① 过滤精度应满足系统设计要求。

② 具有足够大的通油能力，压力损失小，选择过滤器的流量规格时，一般应为实际通过流量的2倍以上。

③ 滤芯具有足够强度，不因压力油的作用而损坏。

④ 滤芯抗腐蚀性好，能在规定的温度下长期工作。

⑤ 滤芯的更换、清洗及维护方便。

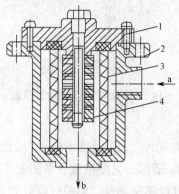

1—端盖；2—壳体；3—滤芯；4—磁环

图5-7 SU型烧结式过滤器

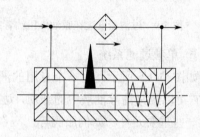

图5-8 堵塞指示装置的工作原理图

（2）过滤器的安装方式

过滤器在液压系统中有下列几种安装方式：

① 安装在液压泵的吸油管路上

如图5-9（a）所示，过滤器1安装在液压泵的吸油管路上，保护液压泵。这种方式要求过滤器具有较大的通油能力和较小的压力损失，通常不应超过0.01～0.02 MPa，否则，将造成液压泵吸油不畅或引起空穴。常采用过滤精度较低的网式或线隙式过滤器。

② 安装在液压泵的压油管路上

如图5-9（b）所示，过滤器2安装在液压泵的出口，这种方式可以保护除液压泵以外的全部元件。过滤器应能承受系统工作压力和冲击压力，压力损失不应超过0.35MPa。为避免过滤器堵塞，引起液压泵过载或者击穿过滤器，过滤器必须放在安全阀之后或与一压力阀并联，此压力阀的开启压力应略低于过滤器的最大允许压差。采用带指示装置的过滤器也是一种方法。

③ 安装在回油管路上

如图5-10所示，这种安装方式不能直接防止杂质进入液压泵及系统中的其他元件，只能清除系统中的杂质，对系统起间接保护作用。由于回油管路上的压力低，故可采用低强度的过滤器，允许有稍高的过滤阻力。为避免过滤器堵塞引起系统背压力过高，应设置旁路阀。

④ 安装在支管油路上

安装在液压泵的吸油、压油或系统回油管路上的过滤器都要通过泵的全部流量，所以过滤器流量规格大，体积也较大。若把过滤器安装在经常只通过泵流量20%～30%流量的支管油路上，这种方式称为局部过滤。如图5-11所示，局部过滤的方法有很多种，如节流过滤、溢流过滤等。这种安装方法不会在主油路中造成压力损失，过滤器也不必承受系统工作压力。

其主要缺点是不能完全保证液压元件的安全,仅间接保护系统。

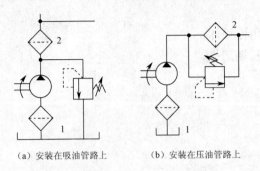

(a) 安装在吸油管路上　　(b) 安装在压油管路上

图 5-9　过滤器安装在吸油、压油管路上

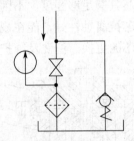

图 5-10　过滤器安装在回油管路上

⑤ 单独过滤系统

如图 5-12 所示,用一个专用的液压泵和过滤器组成一个独立于液压系统之外的过滤回路,它可以经常清除油液中的杂质,达到保护系统的目的,适用于大型机械设备的液压系统。对于一些重要元件,如伺服阀等,应在其前面单独安装过滤器来确保它们的性能。

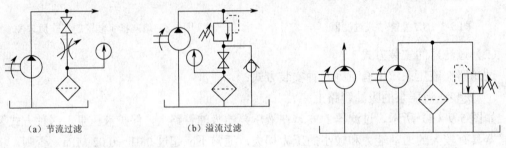

(a) 节流过滤　　(b) 溢流过滤

图 5-11　局部过滤　　　　　　　　图 5-12　单独过滤系统

3. 液压油箱

油箱的用途是储油、散热、沉淀油液中的杂质及逸出渗入油液中的空气。

液压油箱有总体式和分离式两种。总体式油箱是利用机械设备机体的空腔设计而成的,如利用机床床身、工程机械的机体作为油箱;分离式油箱是一个独立于机械设备之外的或能与机械设备分离的油箱,这种油箱布置灵活、维修方便,能设计成通用的标准的形式。根据油箱液面是否与大气相通,又可分为开式油箱和闭式油箱。闭式油箱内液面不与大气接触。

（1）开式油箱

如图 5-13 所示是一种分离式开式油箱结构示意图,它由油箱体1和两个侧盖2组成。箱体内装有若干隔板9,将液压泵吸油口11、过滤器12与回油口7分隔开来。隔板的作用是使回油受隔板阻挡后再进入吸油腔一侧,这样可以增加油液在油箱中的流程,增强散热效果,并使油液有足够长的时间去分离空气泡和沉淀杂质。油箱盖板上装有空气过滤器6,底部装有排放污油的堵塞3;安装油泵和电动机的安装板10固定在油箱盖板上,油箱的一个侧板上装有液位计5,卸下侧盖和盖板便可清洗油箱内部和更换过滤器。箱底板4设计成倾斜的目的是便于放油和清洗。

模块五 液压传动辅助元件

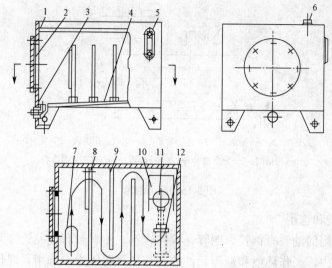

1—油箱体；2—侧盖；3—排污堵塞；4—箱底板；5—液位计；6—空气过滤器；
7—回油口；8、9—隔板；10—安装板；11—泵吸油口；12—过滤器

图 5-13 开式油箱结构示意图

（2）挠性隔离式油箱

如图 5-14 所示是一种挠性隔离式油箱，常用在粉尘特别多的场合。大气压经气囊作用在液面上，气囊使油箱内液面与外界隔离。该油箱气囊的容积应比液压泵每分钟流量大 25% 以上。

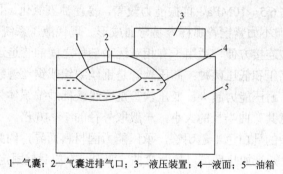

1—气囊；2—气囊进排气口；3—液压装置；4—液面；5—油箱

图 5-14 挠性隔离式油箱

（3）压力油箱

如图 5-15 所示是一种压力油箱，其充气压力通常为 0.05~0.07MPa。该压力油箱改善了液压泵的吸油条件，但要求系统回油管及泄油管能承受背压。

4．管接件

液压管道和管接头是连接液压元件、输送压力油的装置。设计液压系统时要认真选择管道和管接头。管径过大，会使液压装置结构庞大，增加不必要的成本费用；管径太小，又会使管内液体流速过高，不但会增大压力损失、降低系统效率，而且易引起振动和噪声，影响系统的正常工作。

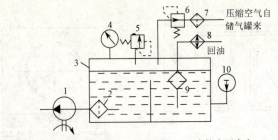

1—液压泵；2、9—滤油器；3—压力油箱；4—电接点压力表；5—安全阀；
6—减压阀；7—分水滤清器；8—冷却器；10—电接点温度表

图 5-15　压力油箱

1）油管的种类和选用

液压系统中使用的油管有钢管、铜管、橡胶软管、塑料管和尼龙管等几种，一般是根据液压系统的工作压力、工作环境和液压元件的安装位置等因素来选用。现代液压系统一般使用钢管和橡胶软管，很少使用铜管、塑料管和尼龙管。

液压系统用钢管通常为无缝钢管，分为冷拔精密无缝钢管和热轧普通无缝钢管，材料为 10 号或 15 号钢。高、中压和大通径情况下用 15 号钢。精密无缝钢管内壁光滑，通油能力好，而且外径尺寸较精确，适宜采用卡套式管接头连接。普通无缝钢管适宜于采用焊接式管接头连接。钢管壁厚与承压能力有关。无缝钢管的弯曲半径一般取钢管外径的 5～8 倍，外径大时取大值。

铜管有紫铜管和黄铜管。紫铜管的最大优点是装配时易弯曲成各种需要的形状，但承压能力较低，一般不超过 6.5～10MPa，抗振能力较差，易使油液氧化，且价格昂贵。黄铜管可承受 25MPa 的压力，但不如紫铜管那样容易弯曲成形。现代液压系统已经很少使用铜管。

耐油橡胶软管安装连接方便，适用于有相对运动部件之间的管道连接，或弯曲形状复杂的地方。橡胶软管分高压和低压两种：高压软管是钢丝编织或钢丝缠绕为骨架的软管，钢丝层数越多、管径越小，耐压能力越大；低压软管是麻线或棉纱编织体为骨架的胶管。使用高压软管时，要特别注意其弯曲半径的大小，一般取外径的 7～10 倍。

尼龙管是一种新型的乳白色半透明管，承压能力因材料而异，约为 2.5～8MPa。一般只在低压管道中使用。尼龙管加热后可以随意弯曲、变形，冷却后就固定成形，因此便于安装。它兼有铜管和橡胶软管的优点。

耐油塑料管价格便宜、装配方便，但耐压能力低，只适用于工作压力小于 0.5MPa 的回油、泄油油路。塑料管使用时间较长后会变质老化。

2）管接头的种类和选用

管接头是油管与油管、油管与液压元件之间的可拆式连接件，它应满足装拆方便、连接牢靠、密封可靠、外形尺寸小、通油能力大、压力损失小、加工工艺性好等要求。按油管与管接头的连接方式，管接头主要有焊接式、卡套式、扩口式、扣压式等形式；每种形式的管接头中，按接头的通路数量和方向分有直通、直角、三通等类型；与机体的连接方式有螺纹连接、法兰连接等方式。此外，还有一些满足特殊用途的管接头。

（1）焊接式管接头

图 5-16 所示为焊接式直通管接头，主要由接头体 4、螺母 2 和接管 1 组成，在接头体和接管之间用 O 形密封圈 3 密封。当接头体拧入机体时，采用金属垫圈或组合垫圈 5 实现端面密封。接管与管路系统中的钢管用焊接连接。焊接式管接头连接牢固、密封可靠，缺点是装配时需焊接，因而必须采用厚壁钢管，且焊接工作量大。

（2）卡套式管接头

图 5-17 所示为卡套式管接头结构。这种管接头主要包括具有 24°锥形孔的接头体 4，带有尖锐内刃的卡套 2，起压紧作用的压紧螺母 3 三个元件。旋紧螺母 3 时，卡套 2 被推进 24°锥孔，并随之变形，使卡套与接头体内锥面形成球面接触密封；同时，卡套的内刃口嵌入油管 1 的外壁，在外壁上压出一个环形凹槽，从而起到可靠的密封作用。卡套式管接头具有结构简单、性能良好、质量轻、体积小、使用方便、不用焊接、钢管轴向尺寸要求不严等优点，且抗振性能好，工作压力可达 31.5MPa，是液压系统中较为理想的管路连接件。

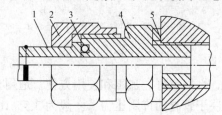

1—接管；2—螺母；3—O 形密封圈；4—接头体；5—组合垫圈

图 5-16　焊接式直通管接头

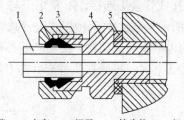

1—油管；2—卡套；3—螺母；4—接头体；5—组合垫圈

图 5-17　卡套式管接头

（3）锥密封焊接式管接头

图 5-18 所示为锥密封焊接式管接头结构。这种管接头主要由接头体 2、螺母 4 和接管 5 组成，除具有焊接式管接头的优点外，由于它的 O 形密封圈装在接管 5 的 24°锥体上，使密封有调节的可能，密封更可靠。工作压力为 34.5MPa，工作温度为 $-25℃\sim80℃$。这种管接头的使用越来越多。

（4）扩口式管接头

如图 5-19 所示是扩口式管接头结构。这种管接头有 A 型和 B 型两种结构形式：A 型由具有 74°外锥面的管接头体 1、起压紧作用的螺母 2 和带有 60°内锥孔的管套 3 组成；B 型由具有 90°外锥的接头体 1 和带有 90°内锥孔的螺母 2 组成。将已冲成喇叭口的管子置于接头体的外锥面和管套（或 B 型螺母）的内锥孔之间，旋紧螺母使管子的喇叭口受压，挤贴于接头体外锥面和管套（或 B 型的螺母）内锥孔所产生的间隙中，从而起到密封作用。

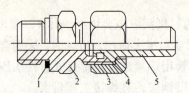

1—组合垫圈；2—接头体；3—O形密封圈；4—螺母；5—接管

图 5-18　锥密封焊接式管接头

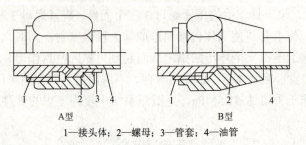

1—接头体；2—螺母；3—管套；4—油管

图 5-19　扩口式管接头

扩口式管接头结构简单、性能良好、加工和使用方便，适用于以油、气为介质的中、低压管路系统，其工作压力取决于管材的许用压力，一般为 3.5～16MPa。

（5）胶管总成

钢丝编织和钢丝缠绕胶管总成包括胶管和接头，有 A，B，C，D，E，J，…型，其中 A、B、C 为标准型。A 型用于与焊接式管接头连接，B 型用于与卡套式管接头连接，C 型用于与扩口式管接头连接。如图 5-20 所示是 A、B 型扣压式胶管总成。扣压式胶管接头主要由接头外套和接头芯组成。接头外套的内壁有环形切槽，接头芯的外壁呈圆柱形，上有径向切槽。当剥去胶管的外胶层，将其套入接头芯时，拧紧接头外套并在专用设备上扣压，以紧密连接。

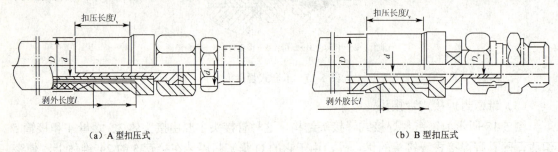

(a) A 型扣压式　　　　　　　　　　(b) B 型扣压式

图 5-20　扣压式胶管总成

（6）快速接头

快速接头是一种不需要使用工具就能够实现管路迅速连通或断开的接头。快速接头有两种结构形式：两端开闭式和两端开放式。图 5-21 所示为两端开闭式快速接头的结构图。接头体 2、10 的内腔各有一个单向阀阀芯 4，当两个接头体分离时，单向阀阀芯由弹簧 3 推动，使阀芯紧压在接头体的锥形孔上，关闭两端通路，使介质不能流出。当两个接头体连接时，两个单向阀阀芯前端的顶杆相碰，迫使阀芯后退并压缩弹簧，使通路打开。两个接头体之间的连接，是利用接头体 2 上的 6 个（或 8 个）钢球落在接头体 10 上的 V 形槽内而实现的。

工作时，钢珠由外套6压住而无法退出，外套由弹簧7顶住，保持在右端位置。

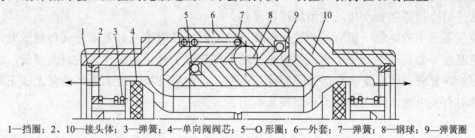

1—挡圈；2、10—接头体；3—弹簧；4—单向阀阀芯；5—O形圈；6—外套；7—弹簧；8—钢球；9—弹簧圈

图 5-21　两端开闭式快速接头结构图

四、知识拓展

压力表

液压系统各工作点的压力一般都是用压力表来测量的。压力表的种类有很多，但最常用的是弹簧管式压力表，如图 5-22 所示。液压油进入弹簧弯管 1，弯管弹性变形，曲率半径加大，其端部位移通过杠杆 4 使扇形齿轮 5 摆动，扇形齿轮和小齿轮 6 啮合，于是小齿轮带动指针 2 转动，从刻度盘 3 上即可读出压力值。

选用压力表测量压力时，其量程应该比系统压力稍大，一般取系统压力的 1.3～1.5 倍。压力表与压力管道连接时，应该通过阻尼小孔，以防止被测压力突变而将压力表损坏。

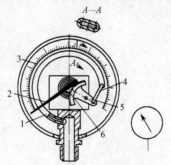

1—弹簧弯管；2—指针；3—刻度盘；4—杠杆；5—扇形齿轮；6—小齿轮

图 5-22　弹簧管式压力表

液压系统的发热和散热

当液压系统工作时，液压泵、液压马达和液压缸的容积损失和机械损失，液压控制装置及管路的压力损失，工作介质的黏性摩擦等会引起能量损失。系统损耗的能量全部转化为热能，且大部分被液压油吸收，使得系统工作介质温度升高。

油温升高会降低油液的黏性和润滑性，增加泄漏。若油温过高（＞80℃）易使油液变质污染，析出沥青状物，它们一旦进入元件的滑动表面和配合间隙，就会引起种种故障，缩短元件工作寿命，直接影响系统的正常工作。在高寒地区，因工作环境温度过低（＜15℃），会造成系统启动、吸油困难，产生空穴，也会影响系统的正常工作。

液压系统在适宜的工作温度下保持热平衡，不仅是系统所必需的，而且有利于提高系统工作稳定性，有利于减小机械设备的热变形，提高工作精度。为了使油温控制在最佳范围内，可经常使用冷却器强制冷却，使用加热器预热。

液压系统中的热量一般可以通过热传导、热辐射、热对流三种基本方式自然散发，热量在一定温度下会自动达到热平衡。如果热平衡温度超过了液压系统允许的最高温度，或是对温度有特殊要求，则应安装冷却器强制冷却；反之，如果环境温度太低，油泵无法正常启动或对油温有要求时，则应安装加热器提高油温。

练习与思考

1. 蓄能器的类型有哪些？分别应用在什么场合？
2. 简述过滤器的类型、特点及选用过滤器的主要原则。
3. 简述油箱的功用及主要类型。
4. 系统在什么情况下需要设置冷却器或加热器？

模块六　液压传动系统的基本回路

任务十三　换向和锁紧回路的原理及应用

基础知识
1. 液压传动系统中换向回路的形式、工作原理及其应用
2. 液压传动系统中锁紧回路的形式、工作原理及其应用

基本技能
能正确掌握液压传动系统中换向回路和锁紧回路的功用

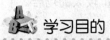
1. 熟悉液压传动系统中换向回路和锁紧回路的形式及其基本原理
2. 掌握液压传动系统中换向回路和锁紧回路的应用

一、任务描述

在许多机床和工程机械及运输设备中，液压传动系统的执行元件需要作连续的往复运动。同时，当执行元件停止运动时，对于机床来说，需要有准确的位置精度，对于工程机械和运输设备来说，更需要有可靠的安全锁紧。在液压传动系统中如何达到上述要求呢？

二、任务分析

我们在前面的任务九中，学习了液压传动方向控制元件的相关知识。利用换向阀和单向阀，改变液压传动系统中油液的流向，也就可以控制执行元件的运动方向，或者控制执行元件的停止位置和换向位置，保证其位置精度和安全锁紧。下面我们一起来学习换向和锁紧回路的相关知识。

三、任务完成

1. 换向回路

换向回路的作用是变换执行元件的运动方向。系统对换向回路的基本要求是：换向可靠、灵敏、平稳、换向精度合适。执行元件的换向过程一般包括执行元件的制动、停留和启动三

个阶段。

1）简单换向回路

如前面我们学习的任务九中如图 4-4 和图 4-5 所示的方向控制回路，是采用普通二位或三位换向阀使执行元件换向的。三位换向阀除了能使执行元件正反两个方向运动外，还有不同的中位滑阀机能可使系统得到不同的性能。一般液压缸在换向过程中的制动和启动，由液压缸的缓冲装置来调节；液压马达在换向过程中的制动则需要设置制动阀等。换向过程中的停留时间的长短取决于换向阀的切换时间，也可以通过电路来控制。

在闭式系统中，可采用双向变量泵控制液流的方向来实现执行元件的换向，如图 6-1 所示。液压缸 5 的活塞向右运动时，其进油流量大于排油流量，双向变量泵 1 的吸油侧流量不足，辅助泵 2 通过单向阀 3 来补充；改变双向变量泵 1 的供油方向，活塞向左运动，排油流量大于进油流量，泵 1

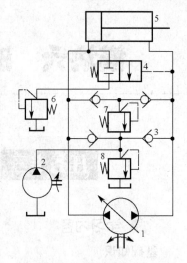

图 6-1 双向变量泵的换向回路

吸油侧多余的油液通过由缸 5 进油侧压力控制的二位四通阀 4 和溢流阀 6 排回油箱。溢流阀 6 和溢流阀 8 既可使活塞向左或向右运动时泵吸油侧有一定的吸入压力，又可使活塞运动平稳。溢流阀 7 是防止系统过载的安全阀。这种回路适用压力较高、流量较大的场合。

2）连续换向回路

当需要频繁、连续自动做往复运动，并对换向过程有很多附加要求时，则需采用复杂的连续换向回路。

对于换向要求高的主机（如各类磨床），若用手动换向阀就不能实现自动往复运动。采用机动换向阀，利用工作台上的行程挡块推动连接在换向阀杆上的拔杆来实现自动换向，但工作台慢速运动，换向阀移至中间位置时，工作台会因失去动力而停止运动，出现"换向死点"，不能实现自动换向；当工作台高速运动时，又会因换向阀芯移动过快而引起换向冲击。若采用电磁换向阀由行程挡块推动行程开关发出换向信号，使电磁阀动作推动换向，可避免"死点"，但电磁阀动作一般较快，存在换向冲击，而且电磁阀还有换向频率不高、寿命低、易出故障等缺陷。为了解决上述矛盾，采用特殊设计的机动换向阀，以行程挡块推动机动先导阀，由它控制一个可调式液动换向阀来实现工作台的换向，既可避免"换向死点"，又可消除换向冲击。这种换向回路按换向要求不同分为时间控制制动式和行程控制制动式。

（1）时间控制制动式连续换向回路

图 6-2 所示为时间控制制动式连续换向回路。这种回路中的主油路只受液动换向阀 3 控制。在换向过程中，例如，当先导阀 2 在左端位置时，控制油路中的压力油经单向阀 I_2 通向换向阀 3 右端，换向阀左端的油经节流阀 J_1 流回油箱，换向阀芯向左移动，阀芯上的制动锥面逐渐关小回油通道，活塞速度逐渐减慢，并在换向阀 3 的阀芯移过 l 距离后将通道闭死，使活塞停止运动。换向阀阀芯上的制动锥半锥角一般取 $\alpha=1.5°\sim3.5°$，在换向要求不高的地方还可以取大一些。制动锥长度可根据试验确定，一般取 $l=3mm\sim12mm$。当节流阀 J_1 和 J_2 的开口大小调定之后，换向阀阀芯移过距离 l 所需的时间（即活塞制动所经历的时间）也就确定不变（不考虑油液黏度变化的影响）。因此，这种制动方式称为时间控制制动式。

模块六 液压传动系统的基本回路

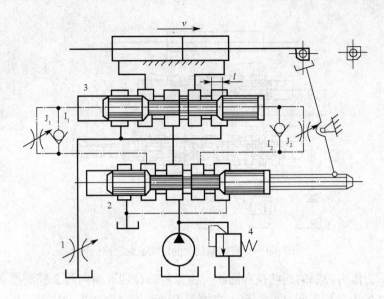

图 6-2 时间控制制动的连续换向回路

这种换向回路的主要优点：其制动时间可根据主机部件运动速度的快慢、惯性的大小，通过节流阀 J_1 和 J_2 进行调节，以便控制换向冲击，提高工作效率；换向阀中位机能采用 H 形，对减小冲击量和提高换向平稳性都有利。其主要缺点：换向过程中的冲击量受运动部件的速度和其他一些因素的影响，换向精度不高。这种换向回路主要用于工作部件运动速度较高，要求换向平稳，无冲击，但换向精度要求不高的场合，如用于平面磨床、插床、拉床和刨床液压系统中。

（2）行程控制制动式连续换向回路

图 6-3 所示为行程控制制动式连续换向回路。主油路除受液动换向阀 3 控制外，还受先导阀 2 控制。当先导阀 2 在换向过程中向左移动时，先导阀阀芯的右制动锥将液压缸右腔的回油通道逐渐关小，使活塞速度逐渐减慢，对活塞进行预制动。当回油通道被关得很小（轴向开口量约留 0.2～0.5mm），活塞速度变得很慢时，换向阀 3 的控制油路才开始切换，换向阀芯向左移动，切断主油路通道，使活塞停止运动，并随即使它在相反的方向启动。不论运动部件原来的速度快慢如何，先导阀总是要先移动一段固定的行程 l，将工作部件先进行预制动后，再由换向阀来使它换向，因此，这种制动方式称为行程控制制动式。先导阀制动锥半锥角一般取 $\alpha=1.5°\sim3.5°$，长度 $l=5\sim12\text{mm}$，合理选择制动锥度能使制动平稳（而换向阀上没有必要采用较长的制动锥，一般制动锥长度只有 2mm，半锥角也较大，$\alpha=5°$）。

这种换向回路的换向精度较高，冲击量较小。但由于先导阀的制动行程恒定不变，制动时间的长短和换向冲击的大小将受运动部件速度的影响。这种换向回路主要用在主机工作部件运动速度不大，但换向精度要求较高的场合，如内、外圆磨床的液压系统中。

（3）压力控制的连续换向回路

连续换向回路的控制方式除了"时间控制"和"行程控制"外，还可采用"压力控制"。

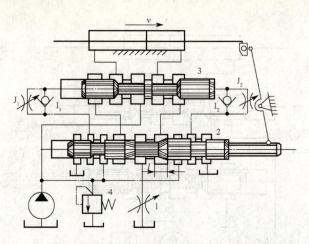

图 6-3 行程控制制动的连续换向回路

图 6-4 所示为压力控制的连续换向回路。由液控二位四通换向阀 2 控制摆动液压缸 4 换向。当换向阀 2 的上位接入回路时,泵 1 来的压力油经换向阀 2 推动摆动液压缸 4 到达终端时,压力上升,打开顺序阀 3,从顺序阀 3 流出的压力油分作两路:一路去顶开液控单向阀 6;另一路去推动换向阀 2,使其下位接入回路,使摆动液压缸 4 换向。这样执行元件可连续换向。这种回路只适用于在执行元件终端处换向,由于它通过顺序阀直接控制液动换向阀,所以,它比用压力继电器来控制电磁换向阀更为精确可靠。

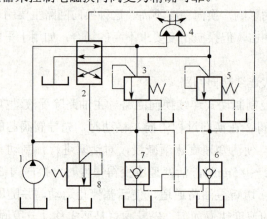

1—泵;2—换向阀;3、5—顺序阀;4—液压缸;6、7、8—液控单向阀

图 6-4 压力控制的连续换向回路

2. 锁紧回路

锁紧回路的作用是在液压执行元件不工作时,切断其进、出油路,使之不因外力的作用而发生位移或窜动,能准确地停留在原定位置上。

(1) 用换向阀中位机能锁紧

前任务九中如图 4-4 所示的往复式工作台换向回路,是采用三位换向阀的 O 形或 M 形中位机能可以构成锁紧回路。这种回路结构简单,但由于换向滑阀的环形间隙泄漏较大,故一般只用于锁紧要求不太高或只需短暂锁紧的场合。

模块六 液压传动系统的基本回路

(2) 用液控单向阀锁紧回路

图 6-5 所示为用液控单向阀构成的锁紧回路。在液压缸的两油路上串接液控单向阀,它能在缸不工作时,使活塞在两个方向的任意位置上迅速、平稳、可靠且长时间地锁紧。其锁紧精度主要取决于液压缸的泄漏,而液控单向阀本身的密封性很好。两个液控单向阀做成一体时,称为双向液压锁。

采用液控单向阀锁紧的回路,必须注意换向阀中位机能的选择。采用 H 型机能,换向阀中位时能使两控制油口 K 直接通油箱,液控单向阀立即关闭,活塞停止运动。如采用 O 型或 M 型中位机能,活塞运动途经换向阀中位时,由于液控单向阀控制腔的压力油被封住,液控单向阀不能立即关闭,直到控制腔的压力油卸压后,才能关闭,因而影响其锁紧的位置精度。

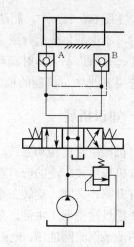

图 6-5 液控单向阀锁紧回路

这种回路广泛应用于工程机械、起重运输机械等有较高锁紧要求的场合。

(3) 用制动器锁紧

在用液压马达作执行元件的场合,利用制动器锁紧可解决因执行元件内泄漏影响锁紧精度的问题,实现安全可靠的锁紧目的。为防止突然断电发生事故,制动器一般都采用弹簧上闸制动,液压松闸的结构。如图 6-6 所示,有三种制动器回路连接方式。

在图 6-6(a)中,制动液压缸 4 为单作用缸,它与起升马达 3 的进油路相连接。当系统有压力油时,制动器松开;当系统无压力油时,制动器在弹簧力作用下上闸锁紧。起升回路需放在串联油路的末端,即起升马达的回油直接通回油箱。若将该回路置于其他回路之前,则当其他回路工作而起升回路不工作时,起升马达的制动器也会被打开而容易发生事故。制动回路中单向节流阀的作用是:制动时快速,松闸时滞后,以防止开始起升时,负载因松闸过快而造成负载先下滑,再上升的现象。

在图 6-6(b)中,制动液压缸为双作用缸,其两腔分别与起升马达的进、出油路相连接。起升马达在串联油路中的布置不受限制,因为只有在起升马达工作时,制动器才会松闸。

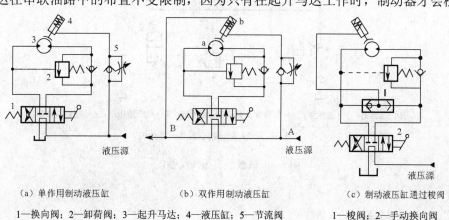

(a) 单作用制动液压缸   (b) 双作用制动液压缸   (c) 制动液压缸通过梭阀

1—换向阀;2—卸荷阀;3—起升马达;4—液压缸;5—节流阀   1—梭阀;2—手动换向阀

图 6-6 采用制动器的制动回路

在图 6-6（c）中，制动液压缸通过梭阀 1 与起升马达的进出油路相连接。当起升马达工作时，不论是负载起升或下降，压力油都会经梭阀与制动器液压缸相通，使制动器松闸。为了使起升马达不工作时制动器油缸的油与油箱相通而使制动器上闸锁紧，回路中的换向阀必须选用 H 形中位机能的换向阀。因此，制动回路也必须置于串联油路的末端。

四、知识拓展

机械手液压传动系统

机械手被广泛的应有在数控机床及其他一些自动化设备上。数控加工中心上的机械手一般有升降、夹紧、旋转三个动作。图 6-7 所示为机械手的液压传动系统图。电动机 9 使液压泵 2 通过过滤器 1 供油。单向阀 3 用来防止回油进入液压泵，防止电动机停止工作时，系统中的油液倒流回油箱。电磁铁 YA2 控制二位四通电磁铁换向阀，使夹紧液压缸 4 能够完成手指的夹紧和松开的动作。电磁铁 YA3 控制二位四通电磁铁换向阀，使升降液压缸 5 能够完成手臂的上升或下降动作。电磁铁 YA4 控制二位四通电磁铁换向阀，使回转液压缸 6 能够完成手臂的回转动作。溢流阀 8 是用来保持液压系统的压力为一定值，压力值可由压力表 7 观察。YA1 控制的二位四通电磁换向阀用来作为液压系统的开关，当 YA1 通电时则液压系统卸荷，机械手停止工作。

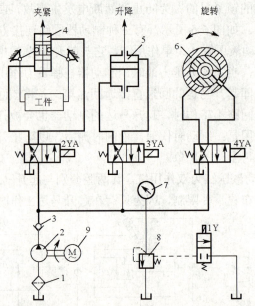

1—过滤器；2—液压泵；3—单向阀；4—夹紧液压缸；5—升降液压缸；6—回转液压缸；
7—压力表；8—溢流阀；9—电动机

图 6-7 机械手液压传动系统

练习与思考

1. 换向回路的功用是什么？液压系统对换向回路的基本要求是什么？

模块六　液压传动系统的基本回路

2. 连续换向回路有哪几种形式？分别应用于哪些场合？
3. 锁紧回路有哪几种形式？采用换向阀中位机能锁紧回路与采用液控单向阀锁紧回路有何区别？
4. 参考图 6-7 简述机械手主要动作的控制原理。

任务十四　压力控制回路的原理及应用

 学习内容

基础知识
1. 液压系统压力控制回路的基本控制原理
2. 液压系统压力控制回路的类型及其特点
3. 液压系统压力控制回路的应用

基本技能
能根据液压系统压力控制回路的类型和特点，正确掌握不同类型的压力控制回路的应用

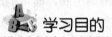 学习目的

了解液压系统压力控制回路的基本原理、类型及特点，熟悉液压系统压力控制回路在不同工业生产中的应用

一、任务描述

在我们常见的金属切削机床、液压压力机械和超重、运输机械中，经常遇到有对液压系统的一些特定的工作需要。例如，对液压系统整体或某一部分的压力需要保持恒定或不超过某一限定值；在机械加工机床中要求对加工工件进行夹紧；在执行元件工作过程中需要暂时停歇，但不能停止油泵工作；在使用立式液压缸的情况下需要防止因运动部件的自重下滑发生事故等。对以上的这些特定的工作需要，在液压系统中如何做到呢？

二、任务分析

如上所述的这些特定的工作需要，在液压系统中主要是依靠有关压力控制元件（如溢流阀、减压阀、顺序阀、液控单向阀、压力继电器等）对系统中的液体压力，针对不同的工作特点进行有效的、针对性的控制，以保证不同工作特点的需要。下面我们来学习液压系统压力控制回路的相关知识。

三、任务完成

压力控制回路是利用压力控制阀来控制系统中液体的压力，以满足执行元件对力或转矩的要求。这类回路包括调压、减压、卸荷、保压、背压、平衡、增压等回路。

1. 调压回路

调压回路的功用是使液压系统整体或某一部分的压力保持恒定或不超过某个限定值。

(1) 单级调压回路

如图 6-8 所示的进口节流调速回路中，调速阀、溢流阀与定量泵组合构成单级调压系统。调速阀调节进入液压缸的流量，定量泵提供的多余的油经溢流阀流回油箱，溢流阀起溢流稳压作用以保持系统压力稳定，且不受负载变化的影响。调节溢流阀可调整系统的工作压力。当取消系统中的调速阀时，系统压力随液压缸所受负载而变，这时溢流阀起安全阀作用，限定系统的最高工作压力。系统过载时，安全阀开启，定量泵输出的压力油经安全阀流回油箱。

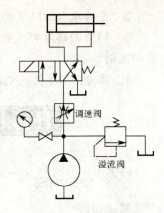

图 6-8 单级调压回路

(2) 多级调压回路

如图 6-9 所示，先导式溢流阀 1 的外控口串接二位二通换向阀 2 和远程调压阀 3 构成了二级调压回路。当两个压力阀的调定压力为 $p_3 < p_1$ 时，系统可通过换向阀的左位和右位分别获得 p_3 和 p_1 两种压力。

如果在溢流阀的外控口，通过多位换向阀的不同通油口，并联多个调压阀，即可构成多级调压回路。图 6-10 所示为三级调压回路。先导式溢流阀 1 的远程控制口通过换向阀 2 分别接调压阀 3 和 4，通过换向阀的切换可以得到 3 种不同压力值。调压阀的调定压力值必须小于主溢流阀 1 的调定压力值。

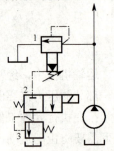 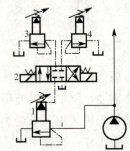

1—先导式溢流阀；2—换向阀；3—远程调压阀　　1—主溢流阀；2—换向阀；3、4—调压阀

图 6-9　二级调压回路　　　　　图 6-10　三级调压回路

(3) 无级调压

无级调压回路如图 6-11 所示，可通过改变比例溢流阀的输入电流来实现无级调压，这种调压方式容易实现远距离控制和计算机控制，而且压力切换平稳。

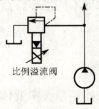

图 6-11　无级调压回路

2. 减压回路

减压回路的作用是使系统中的某一部分油路或某个执行元件获得比系统压力低的稳定压力。

如图 6-12 所示的是机床液压系统中的减压夹紧回路。图中泵的供油压力由主油路的负载决定由溢流阀 1 调定。夹紧液压缸的工作压力根据它所需要的夹紧力由减压阀 2 调定。单向阀 3 的作用是在主油路压力降低且低于减压阀的调定压力时,防止夹紧缸的高压油倒流,起短时保压作用。为了保证减压回路的工作可靠性,减压阀的最低调整压力不应小于 0.5MPa,最高调整压力至少比系统调整压力小 0.5MPa。

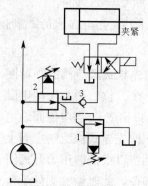

1—溢流阀;2—减压阀;3—单向阀

图 6-12 减压回路

必须指出的是,负载在减压阀出口处所产生的压力应不低于减压阀的调定压力,否则减压阀不可能起到减压、稳压作用。

采用类似多级调压回路的方法,将先导式减压阀的外控口通过二位或三位换向阀与调压阀相连,可以获得两级或多级压力。当然,调压阀的调定压力必须小于减压阀的调定压力值。另外,可采用比例减压阀来实现无级减压。

3. 卸荷回路

执行元件在工作中时常需要停歇。在执行元件处于不工作状态时,就不需要供油或只需要少量的油液,因此需要卸荷回路。卸荷就是使液压泵在输出压力接近为零的状态下工作。卸荷回路的功用是使执行元件在短时停止工作时,减小功率损失和发热,避免液压泵频繁启停,损坏油泵和驱动电动机,以延长泵和电动机的使用寿命。这里介绍如下两种常见的压力卸荷回路。

(1) 利用换向阀机能的卸荷回路

利用三位换向阀的 M 形、H 形、K 形等中位机能可构成卸荷回路。图 6-13(a)所示为采用 M 形中位机能电磁换向阀的卸荷回路。当执行元件停止工作时,使换向阀处于中位,液压泵与油箱连通实现卸荷。这种卸荷回路的卸荷效果较好,一般用于液压泵小于 63L/min 的系统。但选用换向阀的规格应与泵的额定流量相适应。图 6-13(b)所示为采用 M 形中位机能电液换向阀的卸荷回路。该回路中,在泵的出口处设置了一个单向阀,其作用是在泵卸荷时仍能提供一定的控制油压(0.3MPa 左右),以保证电液换向阀能够正常进行换向。

液压与气动传动

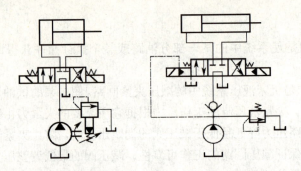

(a) 采用电磁换向阀的卸荷回路　　(b) 采用电液换向阀的卸荷回路

图 6-13　采用换向阀的卸荷回路

（2）先导式溢流阀卸荷回路

图 6-14 所示为最常用的采用先导式溢流阀的卸荷回路。先导式溢流阀的外控口处接一个二位二通常闭型电磁换向阀（用二位四通阀堵塞两个油口构成）。当电磁阀通电时，溢流阀的外控口与油箱相通，即先导式溢流阀主阀上腔直通油箱，液压泵输出的液压油将以很低的压力开启溢流阀的溢流口而流回油箱，实现卸荷，此时溢流阀处于全开状态（也可以采用二位二通常通阀实现失电卸荷）。卸荷压力的高低取决于溢流阀主阀弹簧刚度的大小。通过换向阀的流量只是溢流阀控制油路中的流量，只需采用小流量阀来进行控制。因此，当停止卸荷使系统重新开始工作时，不会产生压力冲击现象。这种卸荷方式适用于高压大流量

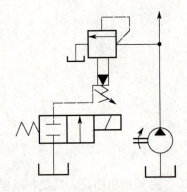

图 6-14　先导式溢流阀的卸荷回路

系统但电磁阀连接溢流阀的外控口后，溢流阀上腔的控制容积增大，使溢流阀的动态性能下降，易出现不稳定现象。因此，需要在两阀间的连接油路上设置阻尼装置，以改善溢流阀的动态性能。选用这种卸荷回路时，可以直接选用电磁溢流阀。

4. 保压回路

执行元件在工作循环中的某一阶段内，若需要保持规定的压力，应采用保压回路。

（1）利用蓄能器保压的回路

图 6-15（a）所示为用蓄能器保压的回路。系统工作时，YA1 通电，主换向阀左位接入系统，液压泵向蓄能器和液压缸左腔供油，并推动活塞右移，压紧工件后，进油路压力升高，当升至压力继电器调定值时，压力继电器发出信号使二通阀 YA3 通电，通过先导式溢流阀使泵卸荷，单向阀自动关闭，液压缸则由蓄能器保压。当蓄能器的压力不足时，压力继电器复位使泵重新工作。保压时间的长短取决于蓄能器的容量，调节压力继电器的通断区间即可调节缸中压力的最大值和最小值。这种回路既能满足保压工作需要，又能节省功率，减少系统发热。

图 6-15（b）所示为多缸系统一缸保压回路。进给缸快进时，泵压下降，但单向阀 3 关闭，把夹紧油路和进给油路隔开。蓄能器 4 用来给夹紧缸保压并补偿泄漏，压力继电器 5 的

作用是夹紧缸压力达到预定值时发出信号,使进给缸动作。

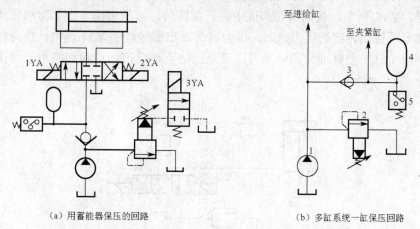

(a)用蓄能器保压的回路　　　　(b)多缸系统一缸保压回路

1—液压泵；2—溢流阀；3—单向阀；4—蓄能器；5—压力继电器

图 6-15　利用蓄能器保压的回路

(2)用高压补油泵的保压回路

图 6-16 所示为用高压补油泵的保压回路。在回路中增设一台小流量高压补油泵 5。当液压缸加压完毕要求保压时,由压力继电器 4 发出信号,换向阀 2 处于中位,主泵 1 卸载,同时二位二通换向阀 8 处于左位,由高压补油泵 5 向封闭的保压系统 a 点供油,维持系统压力稳定。由于高压补油泵只需补偿系统的泄漏量,可选用小流量泵,这样功率损失小。压力稳定性取决于溢流阀 7 的稳压精度。也可采用限压式变量泵来保压,它在保压期间仅输出少量足以补偿系统泄漏的液体,效率较高。

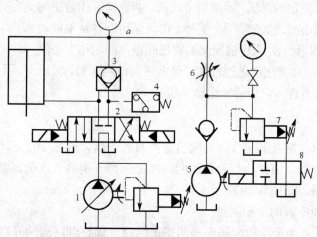

1—主泵；2—换向阀；3—单向阀；4—压力继电器；5—高压补油泵；
6—可调节流阀；7—溢流阀；8—换向阀

图 6-16　用高压补油泵的保压回路

(3)用液控单向阀保压的回路

图 6-17 所示为采用液控单向阀和电接触式压力表的自动补油式保压回路,当 1YA 通

电时，换向阀右位接入回路，液压缸上腔压力升至电接触式压力表上触点调定的压力值时，上触点接通，YA1 断电，换向阀切换成中位，泵卸荷，液压缸由液控单向阀保压。当缸上腔压力下降至下触点调定的压力值时，压力表又发出信号，使 YA1 通电，换向阀右位接入回路，泵向液压缸上腔补油使压力上升，直至上触点调定值。这种回路用于保压精度要求不高的场合。

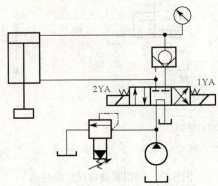

图 6-17 采用液控单向阀的保压回路图

5. 背压回路

在液压系统中设置背压回路，是为了提高执行元件的运动平稳性或减少爬行现象。背压就是作用在压力作用面反方向上的压力或回油路中的压力。背压回路就是在回油路上设置背压阀，以形成一定的回油阻力，用以产生背压，一般背压为 0.3～0.8MPa。采用溢流阀、顺序阀作背压阀可产生恒定的背压；而采用节流阀、调速阀等作背压阀则只能获得随负载减小而增大的背压。另外，也可采用硬弹簧单向阀作背压阀。如图 6-18 所示是采用溢流阀的背压回路，回油路上溢流阀起背压作用，液压缸往复运动的回油都要经背压阀流回油箱，因而在两个方向上都能获得背压，使活塞运动平稳。

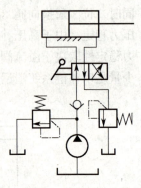

图 6-18 背压回路

6. 平衡回路

为了防止立式液压缸及其工作部件因自重而自行下落，或在下行运动中由于自重而造成失控失速的不稳定运动，应使执行元件的回油路上保持一定的背压值，以平衡重力负载。这种回路称为平衡回路。如图 6-19 所示。

(1) 采用单向顺序阀的平衡回路

图 6-19（a）所示为采用单向顺序阀的平衡回路。调整顺序阀的开启压力，使液压缸向上的液压作用力稍大于垂直运动部件的重力，即可防止活塞部件因自重而下滑。活塞下行时，由于回油路上存在背压支撑重力负载，因此运动平稳。当工作负载变小时，系统的功率损失将增大。由于顺序阀存在泄漏，液压缸不能长时间停留在某一位置上，活塞会缓慢下降。若在单向顺序阀和液压缸之间增加一个液控单向阀，由于液控单向阀密封性很好，可防止活塞因单向顺序阀泄漏而下降。

模块六 液压传动系统的基本回路

（2）采用单向节流阀和液控单向阀的平衡回路

如图 6-19（b）所示为采用液控单向阀和单向节流阀的平衡回路。由于液控单向阀是锥面密封，泄漏量小，故其闭锁性能好，活塞能够较长时间停止不动。回油路上串联单向节流阀，以保证下行运动的平稳。

如果回油路上没有节流阀，活塞下滑时液控单向阀被进油路上的控制油打开，回油腔没有背压，运动部件因自重而加速下降，造成液压缸上腔供油不足而失压，液控单向阀因控制油路失压而关闭。液控单向阀关闭后控制油路又产生压力，该阀再次被打开。液控单向阀时开时闭，使活塞在向下运动过程中时走时停，从而会导致系统产生振动和冲击。

（3）采用遥控单向平衡阀（限速阀）的平衡回路

图 6-19（c）所示为采用遥控单向平衡阀的平衡回路。在背压不太高的情况下，活塞因自重负载而加速下降，活塞上腔因供油不足，压力下降，从而平衡阀的控制压力下降，阀口就关小，回油的背压相应上升，起支撑和平衡重力负载的作用增强，从而使阀口的大小能自动适应不同负载对背压的要求，保证了活塞下降速度的稳定性。当换向阀处于中位时，泵卸荷，平衡阀遥控口压力为零，阀口自动关闭，由于这种平衡阀的阀芯有很好的密封性，故能起到长时间对活塞进行闭锁和定位作用。这种遥控平衡阀又称限速阀。

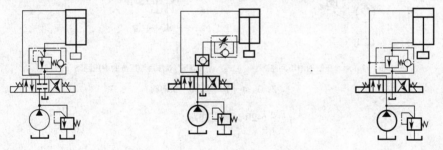

(a) 采用单向顺序阀的平衡回路　　(b) 采用液控单向阀和单向节流阀的平衡回路　　(c) 采用遥控单向平衡阀的平衡回路

图 6-19　平衡回路

必须指出，无论是平衡回路还是背压回路，在回油管路上都存在背压，故都需要提高供油压力。但这两种基本回路也有区别，主要表现在功用和背压的大小上。背压回路主要用于提高进给系统的稳定性，提高加工精度，所以具有的背压不大。平衡回路通常是在立式液压缸情况下用以平衡运动部件的自重，以防下滑发生事故，其背压应根据运动部件的重力而定。

四、知识拓展

增压回路

增压回路用以提高系统中局部油路的压力。它能使局部压力远高于油源的压力。当系统中局部油路需要较高压力而流量较小时，采用低压大流量泵加上增压回路比选用高压大流量泵要经济得多。如图 6-20 所示。

（1）单作用增压缸的增压回路

图 6-20（a）所示为单作用增压缸的增压回路。在回路中，当压力为 p_1 的油液进入增压缸的大活塞腔时，在小活塞腔即可得到压力为 p_2 的高压油液，增压的倍数等于增压缸大小活

塞的工作面积之比。当二位四通电磁换向阀右位接入系统时，增压缸的活塞返回，补油箱中的油液经单向阀补入小活塞腔。这种回路只能间断增压。

（2）双作用增压缸的增压回路

图 6-20（b）所示为双作用增压缸的增压回路。在回路中，泵输出的压力油经换向阀 5 左位和单向阀 1 进入增压缸左端大、小活塞腔，右端大活塞腔的回油通油箱，右端小活塞腔增压后的高压油经单向阀 4 输出，此时单向阀 2、3 被关闭；当活塞移到右端时，换向阀 5 得电换向，活塞向左移动，左端小活塞腔输出的高压液体经单向阀 3 输出。这样增压缸的活塞不断往复运动，两端便交替输出高压液体，实现了连续增压。

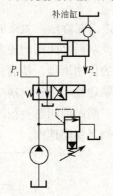
(a) 单作用增压缸的增压回路

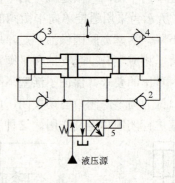
(b) 双作用增压缸的增压回路

1、2、3、4—单向阀；5—换向阀

图 6-20　增压回路

练习与思考

1. 什么是压力控制回路？压力控制回路在液压系统中有何作用？
2. 结合图 6-12 说明在减压回路中为什么负载在减压阀的出口处所产生的压力应不低于减压阀的调整压力？
3. 常见的卸荷回路有哪几种？其作用是什么？
4. 液压系统保压回路通常有哪几种保压方法？
5. 背压回路与平衡回路有什么不同？各自的功用是什么？

任务十五　速度控制回路的原理及应用

学习内容

基础知识

1. 液压传动系统调速回路的基本原理及其应用
2. 液压传动系统换速回路的基本原理及其应用

模块六 液压传动系统的基本回路

基本技能

能根据速度控制回路的基本原理，正确掌握其应用场合

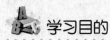 学习目的

1. 熟悉调速回路和换速回路的基本原理
2. 掌握速度控制回路的正确应用

一、任务描述

在我们常见的金属切削加工机床及起重机械和运输机械的液压系统中，不但要求动力元件要具有换向和锁紧的功能，还要求动力元件具有作用功率的调整功能（压力调整），同时，还要求动力元件必须具有运动速度的调整功能，以满足不同工作条件下的需要。那么动力元件的运动速度的调整是怎样实现的呢？

二、任务分析

动力元件的运动速度主要依靠液压传动系统中的液体流量的大小来进行控制。在封闭的液压系统回路中，液体流量大，动力元件的运动速度就大，反之，动力元件的运动速度就小。我们在任务十一中学习了流量控制阀的相关知识，对于动力元件的运动速度的控制，就是在液压传动系统中通过流量控制阀来实现的。下面我们就来学习液压传动系统速度控制的基本回路及其应用。

三、任务完成

用来控制执行元件运动速度的回路称为速度控制回路。液压系统执行元件的速度控制包括速度的调节和变换。速度控制回路有调速回路、速度换接回路等。

1. 调速回路

在液压系统中控制速度的形式很多，主要有定量泵的节流调速、变量泵的容积调速和容积节流复合调速等。

1) 节流调速回路

节流调速的原理是通过控制进入运动部件的流量来控制运动部件的速度。按照节流阀（或调速阀）在系统中安装位置的不同，有进油节流调速、回油节流调速和旁路节流调速。

（1）进油节流调速回路

图 6-21 所示为进油节流调速回路。其节流阀安装在进油路上，液压泵输出的油液经节流阀进入液压缸左腔，推动活塞向右运动，多余的油液 Δq 自溢流阀流回油箱。调节节流阀的开口大小，即可调节进入液压缸的流量 q_1，从而改变液压缸的运动速度。这种方式的特点是在回油路上没有背压，运动部件的运动平稳性较差。由图 6-21 可知，泵的供油压力 P_0 为溢流阀的调定压力，液压缸左腔的压力 P_1 取决于负载 F，(P_0-P_1) 即为节流阀前后的压力差，回油腔压力 P_2 基本上等于零。

进油节流调速回路具有结构简单、使用方便，但速度稳定性差。一般应用在功率较小且负载变化不大的液压系统中。

（2）回油节流调速回路

图 6-22 所示为回油节流调速回路。这种回路的特点是在回油路上可形成一个背压，在外界负载变化时可起缓冲作用，运动部件的运动平稳性比进油节流调速回路好。由图 6-22 可知，液压缸左腔压力基本上等于由溢流阀调定的液压泵压力 p_0，液压缸右腔的压力 p_2 随负载 F 而变，从力的平衡关系可得

$$p_0 A = p_2 A_1 + F$$

式中，A、A_1——分别为无杆腔和有杆腔的油液的有效作用面积。

当 $F=0$ 时，由于 $A_1<A$，所以 $p_2>p_0$，显然，这种回路可以承受一个与活塞运动方向相同的负载。

回油节流调速回路广泛用于功率不大，负载变化较大或运动平稳性要求较高的液压系统中。

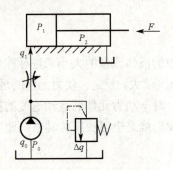

图 6-21　进油节流调速回路

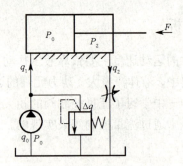

图 6-22　回油节流调速回路

（3）旁路节流调速回路

如图 6-23 所示是旁路节流调速回路，其节流阀装在旁路上。原理是部分油液 Δq_0 通过节流阀流回油箱，其余的油液进入液压缸。很明显，只要改变通过节流阀的流量也就改变了进入液压缸中的流量。此时液压缸左腔压力 P_0 基本上等于液压泵的供油压力，其大小取决于负载 F，液压缸右腔中的压力 P_2 基本为零，可见液压泵的供油压力随负载而变，能比较有效地利用能量。溢流阀只有在过载时才打开。

旁路节流调速回路在低速时承载能力低，调速范围小。它适用于负载变化小，对运动平稳性要求低的高速、大功率场合。

2）容积调速回路

图 6-24 所示为使用变量液压泵的调速回路。它是通过改变变量液压泵的输出流量来实现调节执行元件的运动速度，属于容积调速回路。

液压泵工作时，变量液压泵输出的液压油液全部进入液压缸，推动活塞运动。调节变量液压泵转子与定子之间的偏心距（单作用叶片泵或径向柱塞泵）或斜盘的倾斜角度（轴向柱塞泵），改变泵的输出流量，就可以改变活塞的运动速度实现调速。回路中的溢流阀起安全保护作用，正常工作时常闭，当系统过载时才打开溢流，故其限定了系统的最高压力。

模块六 液压传动系统的基本回路

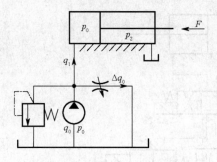
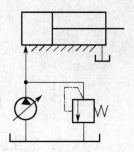

图 6-23 旁路节流调速回路　　　图 6-24 使用变量泵的调速回路

容积调速回路效率高（压力与流量的损耗少），回路发热量少，适用功率较大的液压系统中。

3）容积、节流复合调速回路

用变量液压泵和节流阀（或调速阀）相配合进行调速的方法称容积、节流复合调速。图 6-25 所示为由限压式变量叶片泵和调速阀组成的复合调速回路。调节调速阀节流口的开口大小，就能改变进入液压缸的流量，从而改变液压缸活塞的运动速度。如果变量液压泵的流量 q_v 大于调速阀调定的流量 q_{v1}，由于系统中没有设置溢流阀，多余的油液没有排油通路，势必使液压泵和调速阀之间油路的压力升高，但限压式变量叶片泵在工作压力增大到预先调定的数值后，其流量会随工作压力的升高而自动减小，直到 $q_v=q_{v1}$ 为止。在这种回路中，泵的输出流量与液压系统所需流量（即通过调速阀的流量）是相适应的，因此效率高，发热量小。同时，采用调速阀

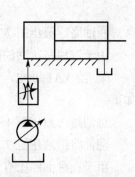

图 6-25 复合调速回路

后，液压缸的运动速度基本不受负载变化的影响，即使在较低的运动速度下工作，运动也较稳定。

容积节流复合调速回路适用于调速范围大的中、小功率场合。

2. 换速回路

有些工作机构要求在一个行程的不同阶段具有不同的运动速度，这时就必须采用换速回路。换速回路的作用就是将一种运动速度转变为另一种运动速度。例如金属切削机床在开始切削前要求刀具与工件快速靠近，开始切削后又要求刀具相对于工件作慢速工作进给运动，这就需要把快速进给运动转换成慢速进给运动。另外，有时随着加工性质的不同，要求从一种进给速度换接成另一种进给速度，这就是两种不同工作速度的转换问题。

（1）图 6-26 所示为一种把活塞快速右移转换成慢速右移的换速回路。

当 YA1 通电、YA2 断电、YA3 通电时，活塞向右快速运动，液压缸右腔的油液经换向阀 1 的左位和换向阀 2 的右位直接流回油箱。当 YA3 断电时，回油则经调速阀 3 流回油箱，活塞向右运动的速度由快速转为慢速。这种回路比较简单，应用相当普遍。

（2）图 6-27 所示为另一种能实现速度转换的回路。

① 当 YA1、YA2 通电，YA3 断电时，活塞向右快速进给（快进）。其主油路情况如下：
进油路：液压泵 1→二位二通换向阀 4 左位→二位三通换向阀 5 左位→液压缸 7 左腔。

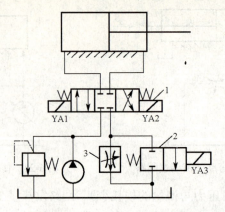

1—三位四通换向阀；2—二位二通换向阀门；3—调速阀

图 6-26 换速回路（一）

回油路：液压缸 7 右腔→二位三通换向阀 6 左位→油箱。

由于进油路、回油路都畅通无阻，故活塞可获得较快的右移速度。

② 当 YA1 断电，YA2 通电，YA3 断电时，活塞向右慢速进给（工进）。其主油路情况如下：

进油路：液压泵 1→调速阀 3→二位三通换向阀 5 左位→液压缸 7 左腔。

回油路：液压缸 7 右腔→二位三通换向阀 6 左位→油箱。

由于在进油路上有节流调速，故活塞可获得较慢的右移速度。

③ 当 YA1 通电，YA2 断电，YA3 通电时，活塞向左快速返回（快退）。其主油路情况如下：

进油路：液压泵 1→二位二通阀 4 左位→二位三通换向阀 6 右位→液压缸 7 右腔。

回油路：液压缸 7 左腔→二位三通换向阀 5 右位→油箱。

同样，由于进油、回油路上都是畅通无阻的，故活塞可获得较快左移速度。

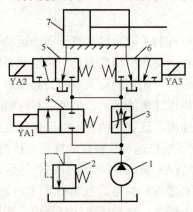

1—液压泵；2—溢流阀；3—调速阀；4—二位二通换向阀；
5、6—二位三通换向阀；7—液压缸

图 6-27 换速回路（二）

模块六 液压传动系统的基本回路

上述就是由快速进给运动转换成慢速工进运动的回路。有时还需要在两种工进速度间进行换接，这种回路又称二次进给回路。二次进给回路可用两个调速阀串联或并联来实现。

（3）图 6-28 所示为调速阀串联的二次进给回路。

① 当 YA1 通电，YA2、YA3、YA4 均断电时，活塞向右快速进给（快进）。其主油路情况如下：

进油路：液压泵 1→三位四通换向阀 2 左位→换向阀 3 左位→液压缸 7 左腔。

回油路：液压缸 7 右腔→三位四通换向阀 2 左位→油箱。

② 当 YA1 和 YA3 通电，YA2 和 YA4 断电时，活塞向右慢速进给（一工进）。其主油路情况如下：

进油路：液压泵 1→三位四通换向阀 2 左位→调速阀 4→调速阀 6 右位→液压缸 7 左腔。

回油路：液压缸 7 右腔→换向阀 2 左位→油箱。

③ 当 YA1、YA3、YA4 都通电，YA2 断电时，活塞向右慢速进给（二工进）。其主油路情况如下：

进油路：液压泵 1→三位四通换向阀 2 左位→二位三通换向阀 4→调速阀 5→液压缸 7 左腔。

回油路：液压缸 7 右腔→换向阀 2 左位→油箱。

④ 当 YA1、YA3、YA4 都断电，YA2 通电时，活塞向左快速返回（快退）。其主油路情况如下：

进油路：液压泵 1→二位三通换向阀 2 右位→液压缸 7 右腔。

回油路：液压缸 7 左腔→二位三通换向阀 3 左位→换向阀 2 右位→油箱。

⑤ 当 YA1、YA2、YA3、YA4 都断电时（图示位置），活塞停止运动（停止）。

（4）图 6-29 所示为调速阀并联的二次进给回路。

① 当 YA1 通电，YA2、YA3、YA4 均断电时，活塞向右快速进给（快进）。其主油路情况如下：

进油路：液压泵 1→二位二通换向阀 2 左位→二位二通换向阀 3 右位→液压缸 7 左腔。

回油路：液压缸 7 右腔→二位二通换向阀 2 左位→油箱。

② 当 YA1、YA3 通电，YA2、YA4 断电时，活塞向右慢速进给（一工进）。其主油路情况如下：

进油路：液压泵 1→换向阀 2 左位→调速阀 5→换向阀 4 右位→液压缸 7 左腔。

回油路：液压缸 7 右腔→换向阀 2 左位→油箱。

③ 当 YA1、YA3、YA4 通电，YA2 断电时，活塞向右慢速进给（二工进）。其主油路情况如下：

进油路：液压泵 1→二位三通换向阀 2 左位→调速阀 6→二位三通换向阀 4 左位→液压缸 7 左腔。

回油路：液压缸 7 右腔→二位三通换向阀 2 左位→油箱。

④ 当 YA2 通电，YA1、YA3、YA4 断电时，活塞向左快速返回（快退）。其主油路情况如下：

进油路：液压泵 1→二位二通换向阀 2 右位→液压缸 7 右腔。

回油路：液压缸 7 左腔→二位二通换向阀 3 右位→二位二通换向阀 2 右位→油箱。

⑤ 当 YA1、YA2、YA3、YA4 都断电时（图示位置），活塞停止运动（停止）。

110　液压与气动传动

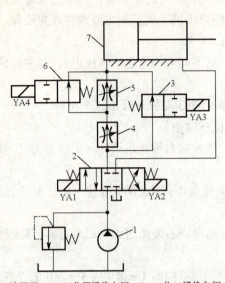 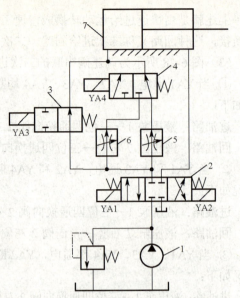

1—液压泵；2—三位四通换向阀；3—二位二通换向阀；
4—二位三通换向阀；5、6—调速阀；7—液压缸

1—液压泵；2—三位四通换向阀；3、6—二位二通换向阀；
4、5—调速阀；7—液压缸

图 6-28　调速阀串联的二次进给回路　　　图 6-29　调速阀并联的二次进给回路

四、知识拓展

YT4543 型液压动力滑台液压系统

图 6-30 所示为 YT4543 型液压动力滑台液压系统原理图。该系统采用限压式变量泵供油，电液动换向阀换向，快进由液压缸差动连接来实现。用行程阀实现快进与工进的换接，用二位二通电磁换向阀来实现两个工进速度之间的换接，为了保证进给的尺寸精度，采用了止挡块停留来限位。

1. 液压系统的工作原理

（1）快进

按下启动按钮，电磁铁 YA1 通电，电液动换向阀 6 的先导阀阀芯向右移动，从而使主阀芯向右移，其左位接入系统，其主油路为

进油路：变量泵 1→单向阀 2→电液动换向阀 6（左位）→行程阀 11（下位）→液压缸左腔。

回油路：液压缸右腔→电液动换向阀 6（左位）→单向阀 5→行程阀 11（下位）→液压缸左腔，形成差动连接。

（2）一工进

当滑块快速运动到预定位置时，滑台上的行程挡块压下行程阀 11 的阀芯，切断该通道，使压力油必须经调速阀 7 进入液压缸的左腔。由于液压油流经调速阀，系统压力上升，打开液控顺序阀，此时单向阀 5 的上部压力大于下部压力，所以单向阀 5 关闭，切断了液压缸的差动回路，回油经液控顺序阀 4 和背压阀 3 流回油箱使滑台转换为第一次工作进给。其主油路为

模块六 液压传动系统的基本回路

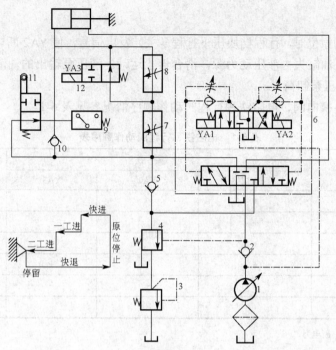

1—变量泵；2、5、10—单向阀；3—背压阀；4—液控顺序阀；6—电液动换向阀
7、8—调速阀；9—压力继电器；11—行程阀；12—电磁换向阀

图 6-30 YT4543 型液压动力滑台液压系统原理图

进油路：变量泵 1→单向阀 2→电磁换向阀 6（左位）→调速阀 7→电磁换向阀 12（右位）→液压缸左腔。

回油路：液压油右腔→电磁换向阀 6（左位）→顺序阀 4→背压阀 3→油箱。

因为工作进给时，系统压力升高，所以变量泵 1 的输油量便自动减小，以适应工作进给的需要，进给量大小由调速阀 7 进行调节。

（3）二工进

一工进结束后，行程挡块压下行程开关使 YA3 通电，二位二通换向阀将通路切断，进油必须经调速阀 7、8 才能进入液压油缸，此时调速阀 8 的开口量小于调速阀 7，所以进给速度再次降低，其他油路情况同一工进。

（4）停留

当滑台工作进给完毕之后，碰上止挡块的滑台不再前进，停留在止挡块处，同时系统压力升高，当升高到压力继电器 9 的调整值时，压力继电器动作，经过时间继电器延时，再发出信号使滑台返回，滑台的停留时间可由时间继电器在一定范围内调整。

（5）快退

时间继电器经延时发出信号，YA2 通电，YA1、YA3 断电，主油路为

进油路：变量泵 1→单向阀 2→电磁换向阀 6（右位）→液压缸右腔。

回油路：液压油缸左腔→单向阀 10→电磁换向阀 6（右位）→油箱。

（6）停止

当滑台退回到原位时，行程挡块压下行程开关，发出信号，使 YA2 断电，电液动换向阀 6 处于中位，液压油缸失去液压动力源，滑台停止运动。液压泵输出的油液经电液动换向阀 6 直接回油箱，液压泵卸荷。

系统工作时各换向阀、电磁铁和行程阀动作顺序情况参见表 6-1。

表 6-1 电磁铁、行程阀动作顺序表

	电 磁 铁			行程阀
	YA1	YA2	YA3	
快进	+	-	-	-
一次工进	+	-	-	+
二次工进	+	-	+	+
止挡铁停留	+	-	+	+
快退	-	+	-	±
原位停止	-	-	-	-

注：通电为"+"，断电为"-"

2. 动力滑台液压系统的特点

动力滑台除了在回路上保证了控制的有效性，同时还采用了以下几种措施来满足动力滑台的工作性能。

（1）系统采用了限压式变量叶片泵——调速阀——背压阀式的调速回路，能保证稳定的低速运动（进给速度最小可达 6.6mm/mm）、较好的速度刚性和较大的调速范围（$R=100$mm）。

（2）系统采用了限压式变量泵和差动连接式液压缸来实现快进，能源利用比较合理。滑台停止运动时，换向阀使液压泵在低压下卸载，减少能量损耗。

（3）系统采用了行程阀和顺序阀实现快进与工进的换接，不仅简化了电气回路，而且使动作可靠，换接精度高。至于两个工进之间的换接则由于两者速度都较低，采用电磁阀完全能保证精度。

练习与思考

1. 什么是节流调速路？其调速原理是什么？
2. 节流调速回路有几种？各有什么特点？应用在什么场合？
3. 什么是容积式调速回路？其调速原理是什么？
4. 试设计一种能实现快进→一次工作进给→二次工作进给的换速回路。

模块七　典型液压回路的分析及液压传动系统的维护

任务十六　YA32-200型四柱万能液压机液压系统的分析

学习内容

基础知识
1. 液压传动系统的分析步骤与方法
2. YA32-200型四柱万能液压机液压系统的工作原理
3. YA32-200型四柱万能液压机液压系统的工作特点

基本技能
能正确分析YA32-200型四柱万能液压机液压系统中执行元件的动作流程

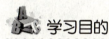
学习目的

1. 熟悉液压传动的分析方法和步骤
2. 掌握YA32-200型四柱万能液压机液压系统的工作过程和工作特点

一、任务描述

图7-1所示为YA32-200型四柱万能液压机的外形图。该液压机适用于可塑性材料的压制,如金属冷挤压及板料冲裁、弯曲、翻边和薄板拉深等,配以适当的模具可用作折边机或成形机,因此被广泛应用。为了满足不同的工艺要求,该液压机要求其压力、速度和行程可以根据工艺要求进行调节。那么,它是如何实现这些工作要求的呢?

图7-1　YA32-200型四柱万能液压机

二、任务分析

根据上述工艺要求的描述可知,YA32-200型四柱万能液压机必须能够实现压力、速度和行程的控制与调节。因此，该液压机上设计了一个主油缸和一个顶出油缸。那么，主油缸和顶出油缸是如何工作和控制的呢？下面我们就来对 YA32-200 型四柱万能液压机液压系统进行分析。

三、任务完成

1. 液压传动系统的分析方法

1）复杂液压回路图的解读

（1）了解液压设备对液压系统的动作要求。

（2）逐步浏览整个系统，以各个执行元件为中心，将系统分成若干个子系统。

（3）分析每一执行元件及其有关联的阀件等组成的子系统，了解子系统包含的基本回路。根据此执行元件的动作要求，参照电磁线圈的动作顺序表读懂此子系统。

（4）根据液压设备中各执行元件间互锁、同步、防干扰等要求，分析各子系统之间的关系，并进一步读懂系统中是如何实现这些要求的。

（5）全面读懂整个系统后，最后归纳总结整个系统有哪些特点。

2）液压传动系统的分析

读懂液压传动系统图后，即可对液压传动系统做进一步的分析，分析时可以考虑以下几个方面：

（1）液压基本回路的确定是否符合主机的动作要求。

（2）各主油路之间、主油路与控制油路之间有无矛盾和干涉现象。

（3）液压元件的代用、变换和合并是否合理、可行。

（4）液压系统性能的改进方向。

2. YA32-200 型四柱万能液压机液压系统分析

图 7-2 所示为 YA32-200 型四柱万能液压机的液压系统原理图。从图中可知该系统中有两个油泵，恒功率变量泵 1 为高压大流量变量泵，其工作压力由远程调压阀 5 设定，定量泵 2 是一个低压小流量定量泵，其工作压力由溢流阀 3 设定，主要用以供给电液阀的控制油液。

该液压系统中有两个执行元件，即主油缸 16 和顶出油缸 17。下面我们分别来分析这两个执行元件的动作控制过程。

1）主油缸运动

液压机主油缸的动作流程为快速下行→慢速加压→保压→泄压快退→悬停。

（1）快速下行

按下启动按钮，电磁铁 YA1、YA5 通电吸合，低压控制油使电液换向阀 6 切换至右位，同时经电磁阀 8 使液控单向阀 9 打开。主泵 1 供油经电液换向阀 6 右位、单向阀 13 至主油缸上腔，主油缸下腔油液经液控单向阀 9、电液换向阀 6 右位、阀 21 中位回油。实际上，此时主油缸滑块 22 在自重作用下快速下降，主泵恒功率变量泵 1 全部流量不足以补充主油缸上腔空出的容积，上腔形成局部真空，置于液压缸顶部的充液箱 15 内的油液在大气压及油位作用下，经液控单向阀 14 进入主油缸上腔。

模块七 典型液压回路的分析及液压传动系统的维护

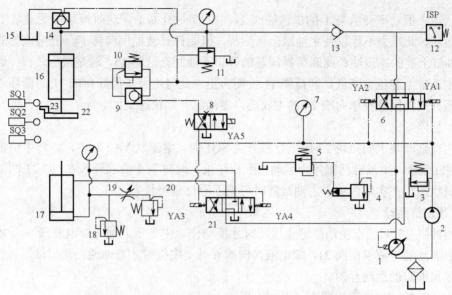

1—恒功率变量泵；2—定量泵；3、4、18—溢流阀；5—远程调压阀；6、21—电液换向阀；7—压力表；8—电磁阀；9—液控单向阀；10—顺序阀；11—卸荷阀（带阻尼孔）；12—压力继电器；13—单向阀；14—液控单向阀（带卸荷阀芯）；15—充液箱；16—主油缸；17—顶出油缸；19—节流阀；20—背压阀；22—滑块；23—挡块

图 7-2　YA32-200 型四柱万能液压机系统原理图

（2）慢速加压

当主油缸滑块 22 上的挡块 23 压下行程开关 SQ2 时，电磁铁 YA5 断电，电液换向阀 8 处于常态位，同时，液控单向阀 9 关闭。主油缸回油经顺序（背压）阀 10、电液换向阀 6 右位、阀 21 中位至油箱。由于回油路上有背压力，滑块光靠自重不能下降，由恒功率变量泵 1 供给的压力油推动活塞使滑块慢速接近工件，当主油缸活塞的滑块抵住工件后，阻力急剧增加，上腔油压进一步提高，变量泵 1 的排油量自动减小，主油缸活塞的速度变得更慢，以非常慢的速度对工件加压。

（3）保压

当主油缸上腔油压达到预定值时，压力继电器 12 发出信号，使电磁铁 YA1 断电，阀 6 回复中位，封闭主油缸上、下腔。同时恒功率变量泵 1 流量经阀 6、阀 21 中位卸荷。单向阀 13 保证主油缸上腔良好的密封性，使其保持高压。保压时间由压力继电器 12 控制的时间继电器调整。

（4）泄压、快退

保压过程结束后，时间继电器发出信号，使电磁铁 YA2 通电（当动作为压制成形时，可由行程开关 SQ3 发出信号），电液换向阀 6 处于右位，恒功率变量泵 1 供油经阀 6 右位、单向阀 9 进入主油缸的下腔，主油缸处于回程状态。但由于液压机油压高，而主油缸的直径大，行程长，缸内液体在加压过程中受到压缩而储存相当大的能量。如果此时上腔立即与回油路相通，则系统内液体积蓄的弹性能突然释放出来，会产生液压冲击，造成机器和管路强烈振动，发出很大噪声。因此，保压后必须先泄压然后再回程。

当电液换向阀 6 切换至左位后，主油缸上腔还没泄压，压力很高，卸荷阀 11（带阻尼孔）

呈开启状态，恒功率变量泵 1 的供油经阀 11 中的阻尼孔回油。这时恒功率变量泵 1 在较低压力下运转，此压力不足以使主油缸活塞回程，但能打开液控单向阀 14（充液阀）的卸荷阀芯，主油缸上腔的高压油经此卸荷阀阀芯的开口而泄回充液箱 15，这是泄压过程。这一过程持续到主油缸上腔压力降低，卸荷阀 11 关闭为止。此时主泵 1 经卸荷阀 11 的循环通路被切断，油压升高关闭液控单向阀 14 的主阀芯，主油缸开始快速退回。

（5）悬停

当主油缸滑块上的挡块 23 压下行程开关 SQ1 时，电磁铁 YA2 断电，M 形中位机能的阀 6 将主油缸锁紧，主油缸活塞停止运动，回程结束。此时泵 1 油液经阀 6、阀 21 回油箱，泵处于卸荷状态。在实际使用中主油缸随时可处于原位悬停状态。

2）顶出缸运动

顶出油缸 17 只能在主油缸停止运动时才能动作。由于压力油先经电液阀 6 后才进入控制顶出缸运动的电液换向阀 21，即电液换向阀 6 处于中位时才有油通向顶出油缸，实现了主油缸和顶出油缸的运动互锁。

顶出油缸的动作流程为顶出→退回→压边。

（1）顶出

按下启动按钮，YA3 通电吸合，压力油由泵 1 经阀 6 中位，阀 21 左位进入顶出油缸下腔，上腔油液经电液换向阀 21 回油箱，活塞上升。

（2）退回

YA3 断电，YA4 通电吸合时，油路换向，顶出油缸活塞下降。

（3）压边

在薄板拉伸压边工作时，要求顶出油缸既保持一定压力，又能随着主油缸滑块的下压而下降。这时 YA3 通电后立即又断电，顶出油缸下腔回油经节流阀 19 和背压阀 20 流回油箱，从而建立起所需的压边压力。图中的溢流阀 18 是当节流阀 19 阻塞时起安全保护作用的。

根据上述分析过程，可以将 YA32-200 型四柱万能液压机的电磁铁动作顺序列表参见表 7-1。

3．YA32-200 型四柱万能液压机液压系统的工作特点

（1）采用高压大流量恒功率变量泵供油，既符合工艺要求，又节省能量。

（2）系统利用管道和油液的弹性变形来实现保压，方法简单，但对单向阀的密封性能要求较高。

（3）系统中主油缸和顶出油缸的动作协调是由两个换向阀互锁来保证的。只有换向阀 6 处于中位，主油缸不工作时，压力油才能进入阀 21，使顶出油缸动作。

（4）为了减小由保压转换为快速退回时的液压冲击，系统中采用了卸荷阀 11 和液控单向阀 14 组成泄压回路。

表 7-1　YA32-200 型四柱万能液压机的电磁铁动作顺序表

动力元件及动作		YA1	YA2	YA3	YA4	YA5
主油缸	快速下行	+	−	−	−	+
	慢速加压	+	−	−	−	−
	保压	−	−	−	−	−

模块七 典型液压回路的分析及液压传动系统的维护

续表

动力元件及动作		YA1	YA2	YA3	YA4	YA5
	泄压、快退	-	+	-	-	-
	停止	-	-	-	-	-
顶出油缸	顶出	-	-	+	-	-
	退回	-	-	-	+	-
	压边（浮动压边）	+	-	(±)	-	-

练习与思考

1. 简述如何阅读复杂的液压系统图？
2. 如何对液压系统图进行分析？
3. 试分析 YA32-200 型四柱万能液压机的液压系统中都采用了哪些液压基本回路？试画出这些基本回路。
4. 在 YA32-200 型四柱万能液压机的液压系统图中，电液换向阀 6 和 21 各采用了哪种滑阀机能？是否可以更换为其他的滑阀机能，为什么？

任务十七　SZ-250 型塑料注射成形机液压系统的分析

学习内容

基础知识
1. SZ-250 型塑料注射成形机的工作循环过程
2. SZ-250 型塑料注射成形机液压传动系统的工作原理
3. SZ-250 型塑料注射成形机液压传动系统的工作特点

基本技能
能正确分析 SZ-250 型塑料注射成形机液压传动系统中各执行元件的动作流程

学习目的

1. 分析 SZ-250 型塑料注射成形机液压系统
2. 掌握 SZ-250 型塑料注射成形机的动作原理
3. 了解 SZ-250 型塑料注射成形机的系统功能

一、任务描述

塑料注射成形机简称注塑机。它将颗粒状的塑料加热熔化到流动状态，用注射装置快速高压注入模腔，保压一定时间，冷却后成形为塑料制品。图 7-3 所示为 SZ-250 型注塑机的外观图。

图 7-3 SZ-250 型注塑机

SZ-250 型注塑机的工作循环要求如图 7-4 所示,其液压系统是如何按图中所述的相关工作要求进行动作控制呢?

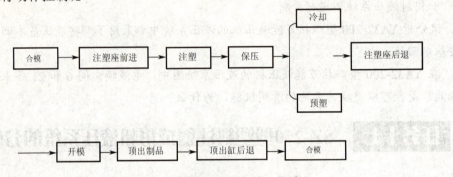

图 7-4 SZ-250 型注塑机的工作循环

二、任务分析

在 SZ-250 型注塑机的工作过程中,要求液压系统有足够的合模力、可调节的合模和开模速度、可调节的注射压力和注射速度、保压及可调的保压压力。同时,系统还应设有安全联锁装置。因此,在注塑机液压系统中,设置了合模缸、注射座移动缸、预塑液压马达、注射缸、顶出缸等执行元件,注塑机相关动作的完成就是由这些执行元件的协调动作来完成的。下面我们就来对 SZ-250 型注塑机的液压系统进行分析。

三、任务完成

1. SZ-250 型塑料注射成形机液压系统的工作原理

SZ-250 型塑料注射成形机属于中、小型注塑机,每次最大注射容量为 $250cm^3$,图 7-5 所示为 SZ-250 型塑料注射成形机液压系统工作原理图。

由图中可以看出,注塑机各执行元件的动作循环主要靠切换电磁换向阀的工作位置来实现。其电磁铁动作顺序表参见表 7-2。

下面依照 SZ-250 型注塑机的工作循环依次来分析其液压系统的工作原理。

1) 关安全门

为保证操作安全,注塑机都装有安全门。当安全门打开时,行程阀 6 被压下,此时合模

模块七 典型液压回路的分析及液压传动系统的维护

缸的电液换向阀5将不能换位,合模缸无法工作,只有关上安全门后,行程阀6恢复常位,电液换向阀才能换位,合模缸才能动作,开始整个动作循环。

2)合模

动模板在合模缸的作用下(活塞杆右移,推动连杆机构)慢速启动、快速前移、接近定模板时,液压系统转为低压、慢速控制。在确认模具内没有异物存在时,系统转为高压使注射模具闭合。这里采用了液压—机械式合模机构,合模缸通过对称五连杆机构推动模板进行开模和合模,连杆机构具有增力和自锁作用。

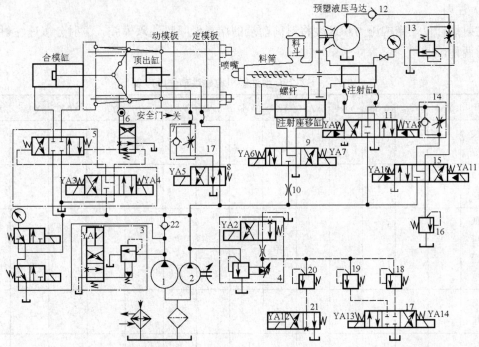

1—大流量泵;2—小流量泵;3—电磁溢流阀;4—先导式溢流阀;5、11、15—电液换向阀;
6—行程阀;7、14—单向节流阀;8、9、17、21—电磁换向阀;10—节流阀;12、22—单向阀;
13—旁通式调速阀;16—背压阀;18、19、20—远程调压阀

图 7-5 SZ-250 型注塑机液压系统原理图

(1)慢速合模(YA2+、YA3+)

大流量泵1通过电磁溢流阀3卸载,小流量泵2的压力由先导式溢流阀4调定,小流量泵2压力油经电液换向阀5右位进入合模缸左腔,推动活塞带动连杆慢速合模,合模缸右腔油液经电液换向阀5和冷却器回油箱。

(2)快速合模(YA1+、YA2+、YA3+)

慢速合模转为快速合模时,由行程开关发令使YA1得电,大流量泵1不再卸载,其压力油经单向阀22与小流量泵2的供油汇合,同时向合模缸供油实现快速合模,最高压力由先导式溢流阀4调定。

(3)低压合模(YA2+、YA3+、YA13+)

大流量泵1卸载,小流量泵2的压力由远程调压阀18控制。因远程调压阀18所调压力较低，合模缸推力较小，即使两个模板间有硬质异物，也不至于损坏模具表面。

（4）高压合模（YA2+、YA3+）

大流量泵 1 卸载，小流量泵 2 供油，系统压力由高压溢流阀 4 控制，高压合模并使连杆产生弹性变形，牢固地锁紧模具。

3）注射座前移（YA2+、YA7+）

大流量泵 2 的压力油经电磁换向阀 9 右位进入注射移动缸右腔，注射座前移使喷嘴与模具接触，注射座移动缸左腔油液经电磁换向阀 9 回油箱。

4）注射

注射螺杆以一定的压力和速度将料筒前端的熔料经喷嘴注入模腔。注射分慢速注射和快速注射两种。

表 7-2 SZ-250 型注塑机电磁铁动作顺序表

动作循环		YA1	YA2	YA3	YA4	YA5	YA6	YA7	YA8	YA9	YA10	YA11	YA12	YA13	YA14
合模	慢速		+	+											
	快速	+	+	+											
	低压慢速		+	+										+	
	高压		+	+											
注射座前移			+					+							
注射	慢速		+					+			+		+		
	快速	+	+					+			+		+		
保压			+					+				+			
预塑			+	+				+					+		
防流涎								+							
注射座后退				+				+							
开模	慢速1			+		+									

模块七　典型液压回路的分析及液压传动系统的维护

续表

动作循环		YA1	YA2	YA3	YA4	YA5	YA6	YA7	YA8	YA9	YA10	YA11	YA12	YA13	YA14
	快速	+	+		+										
	慢速2	+	+		+										
顶出	前进		+			+									
	后退		+												
螺杆	后退		+							+					
	前进		+						+						

（1）慢速注射（YA2+、YA7+、YA10+、YA12+）

泵2的压力油经电液换向阀15左位和单向节流阀14进入注射缸右腔，左腔油液经电液换向阀11中位回油箱，注射缸活塞带动注射螺杆慢速注射，注射速度由单向节流阀14调节，远程调压阀20起定压作用。

（2）快速注射（YA1+、YA2+、YA7+、YA8+、YA10+、YA12+）

泵1和泵2的压力油经电液换向阀11右位进入注射缸右腔，左腔油液经阀11回油箱。由于两个泵同时供油，且不经过单向节流阀14，注射速度加快。此时，远程调压阀20起安全保护作用。

5）保压（YA2+、YA7+、YA10+、YA14+）

由于注射缸对模腔内的熔料实行保压并补塑，只需少量油液，所以泵1卸载，泵2单独供油，多余的油液经溢流阀4溢回油箱，保压压力由远程调压阀19调节。

6）预塑（YA1+、YA2+、YA7+、YA11+）

保压完闭，从料斗加入的物料随着螺杆的转动被带至料筒前端，进行加热塑化，并建立起一定的压力。当螺杆头部熔料压力到达能克服注射缸活塞退回的阻力时，螺杆开始后退。后退到预定位置，即螺杆头部熔料达到所需注射量时，螺杆停止转动和后退，准备下一次注射。与此同时，在模腔内的制品冷却成型。

螺杆转动由预塑液压马达通过齿轮机构驱动。泵1和泵2的压力油经电液换向阀15右位。旁通式调速阀13和单向阀12进入马达，马达的转速由旁通式调速阀13控制，溢流阀4为安全阀。螺杆头部熔料压力迫使注射缸后退时，注射缸右腔油液经单向节流阀14、电液阀15右位和背压阀16回油箱，其背压力由阀16控制。同时注射缸左腔产生局部真空，油箱的油液在大气压作用下经阀11中位进入其内。

7）防流涎（YA2+、YA7+、YA9+）

采用直通开敞式喷嘴时，预塑加料结束，这时要使螺杆后退一小段距离，减小料筒前端压力，防止喷嘴端部物料流出。泵 1 卸载，泵 2 压力油一方面经阀 9 右位进入注射座移动缸右腔，使喷嘴与模具保持接触；另一方面经阀 11 左位进入注射缸左腔，使螺杆强制后退。注射座移动缸左腔和注射缸右腔油液分别经阀 9 和阀 11 回油箱。

8）注射座后退（YA2+、YA6+）

保压结束后，注射座后退。泵 1 卸载，泵 2 压力油经阀 9 左位使注射座后退。

9）开模

开模速度一般为"慢—快—慢"。

（1）慢速开模（YA2+或 YA1+、YA4+）

泵 1（或泵 2）卸载，泵 2（或泵 1）压力油经电液换向阀 5 左位进入合模缸右腔，左腔油液经阀 5 回油箱。

（2）快速开模（YA1+、YA2+、YA4+）

泵 1 和泵 2 合流向合模缸右腔供油，开模速度加快。

10）顶出

（1）顶出缸前进（YA2+、YA5+）

泵 1 卸载，泵 2 压力油经电磁换向阀 8 左位、单向节流阀 7 进入顶出缸左腔，推动顶出杆顶出制品，其运动速度由单向节流阀 7 调节，溢流阀 4 为定压阀。

（2）顶出缸后退（YA2+）

泵 2 的压力油经阀 8 常位使顶出缸后退。

11）螺杆前进和后退（YA2+、YA9+）

为了拆卸螺杆，有时需要螺杆后退。这时，电磁铁 YA2、YA9 得电，泵 1 卸载，泵 2 压力油经左位进入注射缸左腔，注射缸活塞携带螺杆后退。当电磁铁 YA2、YA8 得电时，螺杆前进。

2．塑料注射成型机液压系统的特点

（1）因注射缸液压力直接作用在螺杆上，因此压力 p_z 与注射缸的油压 p 的比值为 D^2/d^2（D 为注射活塞直径，d 为螺杆直径）。为满足加工不同塑料对注射压力的要求，一般注塑机都配备三种不同直径的螺杆，在系统压力 p =14Mpa 时，获得注射压力 p_z=40～150Mpa。

（2）为保证足够的合模力，防止高压注射时模具离缝产生塑料溢边，该注塑机采用了液压—机械增力合模机构，也可采用增压缸合模装置。

（3）为了满足不同的速度要求，注塑机采用了双泵供油系统，快速时双泵合流，慢速时泵 2（流量为 48L/min）供油，泵 1（流量为 194L/min）卸载，系统功率利用比较合理。有时在多泵分级调速系统中还兼用差动增速或充液增速的方法。

（4）为了满足系统所需的多级压力，由多个并联的远程调压阀控制。

练习与思考

1．SZ-250 型注塑机采用哪种方式来控制系统的多级压力。

模块七　典型液压回路的分析及液压传动系统的维护

2. 试分析 SZ-250 型注塑机慢速合模时工作异常的原因有哪些？

任务十八　液压传动系统常见故障及排除方法

 学习内容

基础知识
1. 液压传动系统的常见故障及对系统的影响
2. 液压传动系统常见故障产生的原因分析
3. 液压传动系统常见故障的排除方法

基本技能
能正确掌握液压传动系统常见故障产生的原因及排除的方法

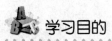 学习目的

1. 熟悉液压传动系统常见故障产生的原因的分析方法
2. 掌握液压传动系统常见故障的排除方法

一、任务描述

液压传动系统在工作中由于各方面的因素不可避免地会出现一些故障，从而影响其传动精度甚至出现停机状况，这就需要对故障进行分析，找出故障出现的原因和部位，并将故障排除。液压传动系统常见的故障有哪些？产生的的原因是什么？怎样合理排除呢？

二、任务分析

液压传动系统在工作中运行情况的好坏，主要受系统运行时间的长短、运行的工作环境、控制元件参数调整的合理性、各种元件的制造精度和安装精度等因素的影响，只要某一因素出现问题，就会导致液压传动系统的工作出现故障。下面我们对液压传动系统的一些常见故障出现的原因及排除方法进行分析和了解。

三、任务完成

1. 液压传动系统常见的故障现象

液压传动系统在工作中受多方面因素的影响，常常出现以下现象：

（1）油温过高。系统油温过高会导致系统油液变质、液压泵发热烧结和控制元件的参数调整不准确等不良后果。

（2）振动。系统产生振动会导致传动精度降低、产生噪声、降低元件的使用寿命等不良后果。

（3）冲击。系统产生冲击同样会导致传动精度降低、产生噪声、降低元件的使用寿命和

控制元件的参数调整不准确等不良后果。

（4）无压力或压力不足。系统无压力或压力不足会导致系统执行元件动力不足、产生爬行、传动精度降低甚至不能正常运行等不良后果。

（5）流量不足。系统流量不足会导致系统执行元件的速度控制参数调整不准确、产生爬行和传动精度降低等不良后果。

（6）泄漏。系统产生泄漏，会导致系统的控制元件的参数调整不准确、影响传动精度和污染环境等不良后果。

2．液压系统故障产生的原因

液压系统的故障是多种多样的，虽然控制油液免受污染和及时维护检查可以减少故障的发生，但并不能完全杜绝故障。

一般来说，液压系统的故障往往是多种因素综合影响的结果。造成故障的原因主要有以下几种：

（1）由于液压油和液压元件使用或维护不当，使液压元件的性能变坏、损坏、失灵而引起的故障。

（2）装配、调整不当而引起的故障。

（3）由于设备年久失修、零件磨损、精度超差或元件制造误差而引起的故障。

（4）元件选用和回路设计不当所致。

前几种故障可以通过修理或调整的方法来加以解决，而后一种必须根据实际情况，弄清原因后对系统进行改进。

还有一处最容易出现的故障是由于维修不当造成的，如采用柔性连接时把进回油路接反，采用板式结构的系统中，把前后对称的溢流阀装反。

3．液压传动系统常见的故障分析与排除

液压传动系统是在封闭的情况下进行的，一般无法从外部直接观察到系统内部，因此，当系统出现故障时，要寻找故障产生的原因往往有一定的难度。能否分析出故障产生的原因并排除故障，一方面取决于对液压传动知识的理解和掌握程度；另一方面有赖于实践经验的不断积累。当系统产生故障的时候，可以根据常用的"四觉诊断法"来分析故障产生的部位和原因，从而决定排除故障的措施。

"四觉诊断法"即检修人员运用触觉、视觉、听觉和嗅觉来分析判断液压传动系统的故障。

（1）触觉。即检修人员根据触觉来判断油温的高低（元件及管道）和振动的位置。

（2）视觉。观察运动是否平稳，系统中是否存在泄漏和油液变色的现象。

（3）听觉。根据液压泵和液压马达的异常响声、溢流阀的噪声及油管的振动等来判断噪声和振动的大小。

（4）嗅觉。通过嗅觉判断油液变质和液压泵发热烧结等故障。

液压传动系统常见故障的原因分析及排除方法参见表7-3。

模块七 典型液压回路的分析及液压传动系统的维护

表 7-3 液压系统常见故障及排除方法

故障现象	产生原因	排除方法
油温过高	① 冷却器通过能力下降或出现故障； ② 油箱容量小或散热性差； ③ 压力调控不当，长期在高压下工作； ④ 管道过细且弯曲，造成压力损失增大，引起发热； ⑤ 环境温度较高	① 排除故障或更换冷却器； ② 增大油箱容量，增设冷却装置； ③ 限定系统压力，必要时改进设计； ④ 加大管径，缩短管路，使油液流动通畅； ⑤ 改变环境，隔绝热源
振动	① 液压泵：密封不严吸入空气，安装位置过高，吸油阻力大，齿轮齿形精度不够，叶片卡死断裂，柱塞卡死移动不灵活，零件磨损使间隙过大； ② 液压油：液位太低，吸油管插入液面深度不够，油液黏度太大，过滤器堵塞； ③ 溢流阀：阻尼孔堵塞，阀芯与阀体配合间隙过大，弹簧失效； ④ 其他阀芯移动不灵活； ⑤ 管道：管道细长，没有固定装置，互相碰撞，吸油管与回油管太近； ⑥ 电磁铁：电磁铁焊接不良，弹簧过硬或损坏，阀芯在阀体内卡住； ⑦ 机械：液压泵与电动机联轴器不同轴或松动，运动部件停止时有冲击，换向时无阻尼，电动机振动	① 更换吸油口密封件，吸油管口至泵进油口高度差要小于 500mm，保证吸油管直径，修复或更换损坏的零件； ② 加油，增加吸油管长度至规定液面深度，更换合适粘度的液压油，清洗过滤器； ③ 清洗阻尼孔，修配阀芯与阀体的间隙，更换弹簧； ④ 清洗、去毛刺； ⑤ 设置固定装置，扩大管道间距及吸油管和回油管间距离； ⑥ 重新焊接，更换弹簧，清洗及研配阀芯和阀体； ⑦ 保持泵与电动机轴的同轴度误差不大于 0.1mm，采用弹性联轴器，坚固螺钉，设置阻尼或缓冲装置，电动机作平衡处理
冲击	① 蓄能器充气压力不够； ② 工作压力过高； ③ 先导阀、换向阀制动不灵及节流缓冲慢； ④ 液压缸端部无缓冲装置； ⑤ 溢流阀故障使压力突然升高； ⑥ 系统中有大量空气	① 给蓄能器充气； ② 调整压力至规定值； ③ 减少制动锥斜角或增加制动锥长度，修复节流缓冲装置； ④ 增设缓冲装置或背压阀； ⑤ 修理或更换； ⑥ 排除空气
系统无压力或压力不足	① 溢流阀开启，由于阀芯被卡住，不能关闭，阻尼孔堵塞，阀芯与阀体配合不好或弹簧失效； ② 其他控制阀阀芯由于故障卡住，引起卸荷； ③ 液压元件磨损严重或密封件损坏，造成内、外泄漏； ④ 液位过低，吸油管堵塞或油温过高； ⑤ 泵转向错误，转速过低或动力不足	① 修研阀芯与阀体，清洗阻尼孔，更换弹簧； ② 找出故障部位，清洗或研修，使阀芯在阀体内能够灵活运动； ③ 检查泵、阀及管路各连接处的密封性，修理或更换零件和密封件； ④ 加油，清洗吸油管路或冷却系统； ⑤ 检查动力源
流量不足	① 油箱液位过低，油液粘度较大，过滤器堵塞引起吸油阻力过大； ② 液压泵转向错误，转速过低或空转磨损严重，性能下降； ③ 管路密封不严，空气进入； ④ 蓄能器漏气，压力及流量供应不足； ⑤ 其他液压元件及密封件损坏引起泄漏； ⑥ 控制阀动作不灵	① 检查液位，补油，更换粘度适宜的液压油，保证吸油管直径足够大； ② 检查原动机、液压泵及变量机构，必要时换液压泵； ③ 检查管路连接及密封是否正确可靠； ④ 检修蓄能器； ⑤ 修理或更换； ⑥ 调整或更换
泄漏	① 接头松动，密封件损坏； ② 阀与阀板之间的连接不好或密封件损坏； ③ 系统压力长时间大于液压元件或附件的额定工作压力，使密封件损坏； ④ 相对运动零件磨损严重，间隙过大	① 拧紧接头，更换密封件； ② 加大阀与阀板之间的连接力度，更换密封件； ③ 限定系统压力，或更换许用压力较高的密封件； ④ 更换磨损零件，减小配合间隙

四、知识拓展

液压系统的清洗

液压传动系统中元件、液压油随着使用时间的增加，会受到各中因素的影响而被污染，被污染的液压元件或液压油会严重影响系统工作的稳定性。为保证系统可靠工作和系统使用寿命，必须对液压传动系统进行清洗，以清除污染物。

在实际生产中，对液压系统进行清洗通常有主系统清洗和全系统清洗两种。

全系统清洗是指对液压装置的整个回路进行清洗。在清洗前应将系统恢复到实际运转状态。清洗的介质一般可用液压油，清洗的标准以回路滤网上无杂质为准。

清洗时应注意以下几点：

1. 清洗时一般可用工作用的液压油或试车油，千万不可以用煤油、汽油、酒精、蒸气或其他液体。
2. 在清洗过程中，液压泵运转和清洗介质加热同时进行。
3. 在清洗过程中，也可以用非金属锤击打油管，以利于清除管内的附着物。
4. 在清洗油路的回油路上，应安装过滤器或滤网。
5. 为防止外界湿气引起锈蚀，在清洗结束时，液压泵应继续运转一段时间，直到温度恢复正常为止。

练习与思考

1. 液压系统工作时，发出很大的响声，应如何检修？
2. 液压系统出现冲击振动的原因有哪些？如何排除故障？
3. 液压系统油温升高，意味着什么？如何解决？

第二篇 气压传动技术

模块八　气压传动概述及气动元件

任务十九　气压传动系统的认识

 学习内容

基础知识
1. 气动系统的组成及控制特点
2. 气源装置的组成
3. 气源调节装置的组成

基本技能

认识气动系统，并能叙述各组成部分的功能和作用，认识气源装置和气源调节装置，并能正确绘制气源和气源调节装置中各元件的职能符号。

学习目的

1. 了解气动系统的组成和特点
2. 掌握气动系统各组成部分的作用
3. 掌握气源装置的组成、作用及各元器件的职能符号
4. 掌握气源调节装置的组成及职能符号

一、任务描述

图 8-1 所示为我们常见的公交车辆上的气动门。这种气动门的控制采用的是气压传动控制方式。那么，气压传动系统由哪些部分组成呢？它又由什么装置对整个系统提供动力呢？

二、任务分析

气压控制系统与液压控制系统颇为相似。气压控制系统是以压缩空气为工作介质进行能量传递或信号传递及控制的技术。

近几年随着气动技术的飞速发展，特别是气动技术、传感技术、液压技术、PLC 技术、

图 8-1　气动门

模块八 气压传动概述及气动元件

网络及通信等学科的相互渗透而形成的机电一体化技术被各种领域广泛采用后,气动技术已成为当今工程科技的重要组成部分。下面我们就来了解一下气动系统的组成及气源装置。

三、任务完成

1. 气动系统的组成及控制特点。

(1) 气动系统的组成

图 8-2 所示为上述气动门控制示意图。

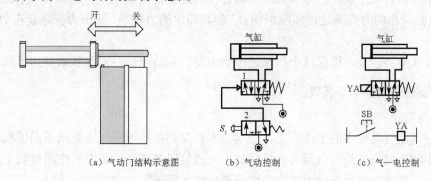

(a) 气动门结构示意图　　(b) 气动控制　　(c) 气-电控制

图 8-2 气动门控制示意图

气动门的工作过程如下:由气源装置输出压缩空气作为气动系统的工作介质,在气动系统中提供动力。在图 8-2 (b) 中,当按下按钮 2 后,按钮的左端接通回路,将压缩空气通往末端控制元件(方向控制阀 1),使方向控制阀 1 的左端接通回路,这时,汽缸左端进入压缩空气,活塞杆伸出,气动门关闭。当松开按钮后,方向控制阀的右端接通回路,这时,汽缸右端进入压缩空气,活塞杆缩回,气动门打开。不难看出,在此过程中,按钮控制的是汽缸中气体的流动方向,而动力是由压缩空气作用在汽缸上产生的。

综上所述,气动系统要完成相应的动作,必须包括以下几个部分:控制介质、气源装置、控制元件、执行元件及相关辅助元件。表 8-1 所示为气动系统各组成部分、常见元件及其功能和作用。

表 8-1 气动系统的组成部分

组成部分	常见元件	功能和作用
气源装置	气泵、气站、三联件等	主要是把空气压缩到原来体积的 1/7 左右形成压缩空气,并对压缩空气进行处理,最终可以向系统供应干净、干燥的压缩空气
执行元件	汽缸、摆动缸、气动马达等	利用压缩空气实现不同的动作,来驱动不同的机械装置,可以实现往复直线运动、旋转运动及摆动等
控制元件	换向阀、顺序阀、压力控制阀、调速阀	气动控制元件由末级主控元件及信号处理及控制元件组成,其中主控元件主要控制执行元件的运动方向,信号处理及控制元件主要控制执行元件的运动速度、时间、顺序、行程及系统压力等
辅助元件	气管、过滤器、油雾器、消声器等	连接元件之间所需的一些元器件,以及对系统进行消声、冷却、测量等
工作介质	压缩空气	向系统提供动力的工作介质

2）气动控制系统的特点

气动技术与其他控制方式相比较有以下特点：

（1）工作介质是压缩空气，取材方便，用量不受限制，排气处理简单，不污染环境。

（2）压缩空气为快速流动的工作介质，故可获得较高的工作速度。

（3）纯气动控制具有防火、防爆、耐潮的能力。

（4）气动装置结构简单，安装维护容易。

（5）输出力及工作速度调节方便，大小可无限变化。

（6）空气具有可压缩性，不易实现准确定位和速度控制。

（7）汽缸输出的力能满足许多应用场合，但其输出的力较小，输出力应限制在 20～30KN 之间。

（8）排气噪声较大，现在这个问题已因吸声材料和消声器的发展基本得到了解决。

2. 气源装置及其调节装置

1）气源装置

压缩空气是气动技术的工作介质，气动技术就是利用压缩空气来驱动不同的机械装置。气动系统中的压缩空气是由气源装置提供的。气源装置在气动系统中的作用类似于液压系统中的液压泵，都是提供系统动力的，但由于两种技术所采用的控制介质不同，决定了气源装置与液压泵在结构和组成上有很大的不同。

气源装置所提供的压缩空气必须要有一定的清洁度和干燥度，因为压缩空气中的水分和固体颗粒杂质等的含量决定着系统能否正常工作，气动系统要求压缩空气中含水量越低越好，气源中含油量、含灰尘杂质的质量及颗粒也都要控制在很低的范围内。另外，自然界中的空气也是一种混合物，不同的环境和气候条件下，空气的组成成分还不同，因此，在气动系统中，气源必须要先对空气进行压缩、干燥、净化处理，以保证提供给系统的压缩空气具有一定的清洁度和干燥度。

除此之外，气源提供的压缩空气还要具有一定的压力和足够的流量。因为没有一定的压力，就不能保证执行元件能够带动外界负载，甚至连控制机构都难以正确的动作。没有足够的流量，就不能满足对执行机构速度和程序的控制要求等。

综上所述，要想使气动系统正常的工作，气源装置必须设置能够使空气除油、除水、除尘并保持干燥，提高压缩空气质量，进行气源净化处理的辅助设备。图 8-3 所示为气源装置的组成。

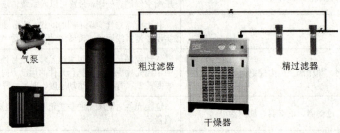

图 8-3 气源装置的组成

图 8-4 所示为气源装置的工作流程图。

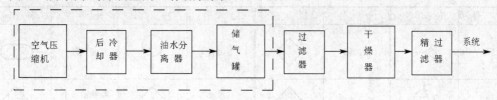

图 8-4　气源装置的工作流程图

（1）空气压缩机

空气压缩机简称空压机，是将空气压缩成压缩空气的装置，它将电动机的机械能转化成压缩空气的压力能。

（2）后冷却器

后冷却器安装在空气压缩机的出口管路上。空气压缩机输出的压缩空气的温度可达 140～180℃，在此温度下，空气中的水分完全呈气态。后冷却器的作用就是将空气压缩机出口处的温度冷却至 40℃ 以下，使得其中大部分水蒸气和轻质油雾冷凝成液态水滴和油滴。

（3）油水分离器

油水分离器是将经后冷却器降温析出的水滴和油滴等杂质从压缩空气中分离出去的装置。油水分离器主要是用离心、撞击、水洗等方法使压缩空气中凝聚的水质、油质等杂质从压缩空气中分离出来，使压缩空气初步净化。

（4）储气罐

由于空气压缩机输出的压缩空气的压力是不恒定的，有了储气罐后可以消除压力脉动，保证供气的连续性、稳定性。由于它存储了压缩空气，可以避免空气压缩机连续工作，也可以在空气压缩机故障或停电时，维持一定时间的供气，以便保证设备的安全性。它还可以依靠自然冷却降温，进一步分离掉压缩空气中的水质和油质。

（5）粗过滤器

粗过滤器的作用是进一步清除压缩空气中的油污、水和粉尘，以提高干燥器的工作效率，延长精密过滤器的使用寿命

（6）干燥器

压缩空气经后冷却器、油水分离器、储气罐、粗过滤器净化处理后，其中仍含有一定量的水蒸气，对于要求较高的气动系统还需进一步处理。干燥器的作用就是进一步清除压缩空气中的水、油和粉尘。

（7）精密过滤器

压缩空气经过上述步骤处理后，在送往系统前，要再一次由精密过滤器对压缩空气中的油污、水和粉尘等杂质进行清除，以确保系统工作的稳定和工作精度。

气源装置中常见零件的职能符号参见表 8-2。

2）气源调节装置

从空气压缩机输出的压缩空气并不能完全满足气动元件对气源质量的要求。通常在气动系统前面安装气源调节装置。

表 8-2　气源装置中常见元件的图形符号

元件	符号	元件	符号	元件	符号	元件	符号
气源		过滤器		压力计		储气罐	
气泵		精过滤器		空气过滤器（手动式）		除油器（手动式）	
冷却器		空气干燥器		空气过滤器（自动式）		除油器（自动式）	

（1）气源调节装置的组成

气源调节装置由过滤器、减压器和油雾器三部分组成，如图 8-5 所示，称为三联件。过滤器用于从压缩空气中进一步除去水分和固体杂质颗粒等；减压阀将进气压力调节至系统所需要的压力；有些应用场合要求在压缩空气中含有一定量的油雾，以便对气动元件进行润滑，用于完成这个功能的控制元件即为油雾器，它可以把油滴喷射到压缩空气中去。

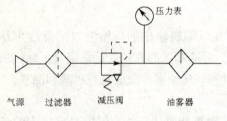

图 8-5　气源调节装置的组成

由于一般气动系统的空气都是直接排入空气中，含有一定油量的空气对人体是有害的，特别是一些特殊行业中不允许压缩空气中含有润滑油。随着科学技术的进步和一些新技术新工艺的应用，现在的一些气动元件已不需要在压缩空气中加润滑油了，因此，现在大部分气源调节装置只由过滤器和减压阀组成，称为二联件。

（2）气源调节装置的符号

图 8-6 所示为三联件和二联件的实物图形及符号，一般在系统图中都是以简化符号出现。

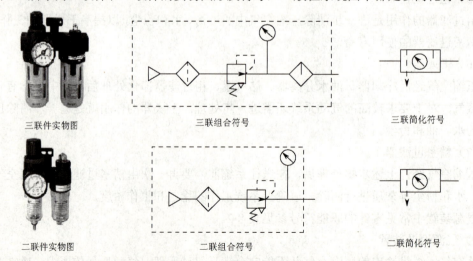

图 8-6　气源调节装置的符号

模块八　气压传动概述及气动元件

四、知识拓展

1. 空气压缩机的工作原理

图8-7所示为活塞式空气压缩机。当电动机带动曲柄旋转，使得滑块和活塞向右移动时，汽缸腔内容积增大形成真空，在大气压及弹簧的作用下，排气阀关闭，而吸气阀打开，空气进入汽缸腔内。曲柄继续旋转，使得活塞向左移动时，汽缸腔内因容积变小使气体被压缩，压力升高，吸气阀关闭，排气阀打开，形成压缩空气排出。电动机不断带动曲柄旋转，这样，活塞循环往复运动，就可以不断产生压缩空气。

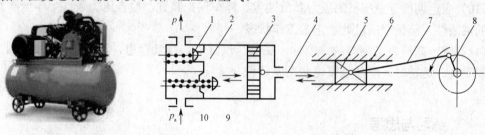

(a) 外形图　　　　　　　　　　(b) 工作原理图

1—排气阀；2—汽缸；3—活塞；4—活塞杆；5、6—十字头与滑道；7—连杆；8—曲轴；9—吸气阀；10—弹簧

图8-7　活塞式空气压缩机

2. 空气压缩机的选用

空气压缩机的分类参见表8-3。通过缩小气体的体积来提高气体压力的压缩机称为容积型压缩机。提高气体的速度，让动能转化成压力能来提高气体压力的压缩机称为速度型压缩机。目前，常用的主要以容积型压缩机居多。

表8-3　空气压缩机的分类

按压力高低分		按工作原理分		
低压型	0.2～1.0MPa	容积型	往复式	活塞式 膜片式
中压型	1.0～10MPa		旋转式	滑片式 螺杆式
高压型	>10MPa	速度型		离心式 轴流式

选用空气压缩机的依据是气动系统所需的工作压力、流量和一些特殊的工作要求。目前，气动系统常用的工作压力为0.1～0.8MPa，可直接选用额定压力为1MPa的低压空气压缩机，特殊需要时也可选用中、高压的空气压缩机。

3. 空气压缩机的日常维护及保养事项

（1）保持机器的清洁。

（2）储气罐的放水阀每日打开一次排除油水。在湿气较重的地方，请每4h打开一次。

（3）润滑油液位每天检查一次，确保空压机的正常润滑。

（4）空气滤清器应每 15 天清理或更换一次滤芯。

（5）不定期的检查各部位螺钉的松紧程度。

（6）润滑油最初运转 50h 或一周后更换新油，以后每 300h 换新油一次（使用环境较差者应每 150h 换一次油），每运转 36h 加油一次。

（7）空气压缩机使用 500h（或半年）后将气阀拆出清洗。

（8）每年将机器各部件清洁一次。

（9）应定期检查所有的防护罩、警告标志等安全防护装置。

（10）应定期检查空压机的压力释放装置、停车保护装置，检查压力表（半年一次）、安全阀的灵敏性，确保空压机处于正常工作状态。

（11）应定期检查受高温的零部件，如阀、汽缸盖、排气管道，清除附着在内壁上的油垢和积碳物。运转时，严禁触摸这些高温部件。

 练习与思考

1. 气动系统由哪几部分组成？气动控制有何特点？
2. 用符号表示气源装置的连接示意图，并说明各部分在气源装置中的作用。
3. 压缩空气站主要由哪几个部分组成？各部分的作用是什么？
4. 想一想在现实生活中你身边还有哪些气动控制技术的应用？
5. 空气压缩机使用时应注意些什么？如何选用空气压缩机？

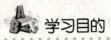 **任务二十　气压传动执行元件**

 学习内容

基础知识

1. 气压传动执行元件的类型及作用
2. 气压传动系统中汽缸的工作原理、结构及职能符号
3. 气压传动系统中汽缸的选择与参数的计算

基本技能

能正确掌握汽缸的选择方法和参数的计算

学习目的

1. 掌握气动执行元件的类型及作用
2. 掌握普通汽缸的结构和工作原理
3. 了解汽缸主要参数的计算方法和型号的确定

模块八 气压传动概述及气动元件

一、任务描述

如图8-8所示,是机床上常用的气动夹紧装置,定卡爪固定不动,气动装置控制动卡爪的动作来实现工件的自动夹紧和松开。从上个任务中可知,气源装置可以对系统提供动力,那么,又要通过什么元件才能带动动卡爪直线移动呢?

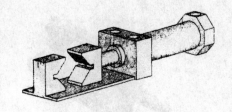

图8-8 气动夹紧装置示意图

二、任务分析

在上述任务中,带动卡爪作往复运动的元件,类似于液压系统中的液压缸。它能够利用压缩空气实现不同的动作,从而驱动不同的机械装置,这个元件就是气动系统中的最终执行元件。气动系统中的执行元件有汽缸和气动马达。而本任务中所使用的就是汽缸。选择汽缸时一般先确定它的类型,再确定它的种类及结构。为了能够正确、合理的选择汽缸,我们必须掌握气动执行元件的类型、工作原理、结构及选择方法。

三、任务完成

1. 气动执行元件的类型。

气动执行元件是使压缩空气的压力能转换为机械能的一种动力装置。它可以驱动机械装置做直线往复运动、摆动或旋转运动。汽缸用以实现直线运动或摆动,而气动马达用于实现连续的回转运动。气动执行元件的分类参见表8-4。

在实际应用中常以薄膜式汽缸或活塞式汽缸作为夹紧机构,其中,薄膜式汽缸密封性好,无摩擦阻力,无需润滑,但汽缸行程短,具体的选择可根据实际情况确定。

表8-4 气动执行元件的分类表

气动执行元件的类型							
汽 缸						气 动 马 达	
按活塞两端面受压状态分	单作用 双作用	按结构特性分	活塞式 柱塞式 薄膜式 叶片式摆动缸 齿轮齿条式摆动缸	特殊汽缸	气—液阻尼缸 薄膜式 冲击汽缸 伸缩汽缸	按结构特性分	叶片式 活塞式 齿轮式 摆动式

2. 汽缸的工作原理及结构

1) 汽缸的结构

(1) 普通汽缸

除几种特殊汽缸外,普通汽缸的种类及结构形式与液压缸基本相同。汽缸的结构和参数都已系列化、标准化和通用化,图8-9所示为普通汽缸的实物图和结构图,它主要由活塞杆、活塞、前缸盖、后缸盖、密封圈及缸筒等组成。

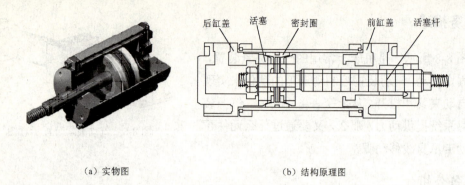

(a) 实物图　　　　　　　　　(b) 结构原理图

图 8-9　普通汽缸

(2) 薄膜式汽缸

薄膜式汽缸是一种利用压缩空气通过膜片推动活塞杆做往复直线运动的汽缸。它由缸体、膜片、膜盘和活塞杆等主要零件组成，其功能类似于活塞式汽缸。它分为单作用式和双作用式两种，图 8-10 所示为薄膜式汽缸的实物图和结构图。

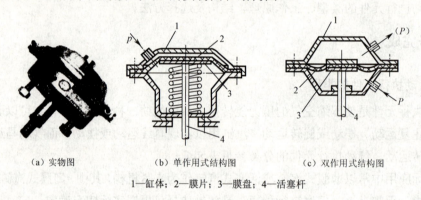

(a) 实物图　　　(b) 单作用式结构图　　　(c) 双作用式结构图

1—缸体；2—膜片；3—膜盘；4—活塞杆

图 8-10　薄膜式汽缸

2) 汽缸的工作原理

图 8-11 所示为普通汽缸的工作原理。若缸筒固定，压缩空气进入汽缸的左腔时，如图 8-11（a）所示，压缩空气的压力作用于活塞上，当能克服活塞杆上的所有负载时，活塞推动活塞杆伸出，活塞杆对外做功。反之，如图 8-11（b）所示，当压缩空气进入汽缸右腔时，活塞杆收回。这样，完成一个往复运动。

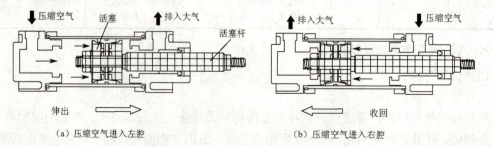

(a) 压缩空气进入左腔　　　　　　(b) 压缩空气进入右腔

图 8-11　汽缸工作原理

3）汽缸的职能符号

在气动系统图中，汽缸用相应的职能符号来表示。常见普通汽缸的职能符号见表8-5。

表8-5 常见普通汽缸的职能符号

单作用汽缸	双作用汽缸	
	普通汽缸	缓冲汽缸
弹簧推入	单活塞杆	不可调单向 / 可调单向
弹簧推出	双活塞杆	不可调双向 / 可调双向

4）汽缸的缓冲装置

活塞杆在往复运动中，运行到行程终端换向时，有较大的撞击。若汽缸的行程较短或速度较低时，一般在活塞两侧设有缓冲垫。而运动速度较大或行程较长时，仅靠缓冲垫已不足以吸收活塞对缸盖的冲击力，一般要在缸内设置缓冲装置。

图8-12所示为汽缸的缓冲装置结构图。汽缸缓冲装置是由缓冲套，缓冲密封圈和缓冲阀等组成。当活塞向右运动时，缓冲套、缓冲密封圈关闭主排气通道，活塞右侧便形成一个封闭气室，称为缓冲腔。此缓冲腔内的气体只能通过缓冲阀排出。当缓冲阀开口很小时，缓冲腔向外排气很少，活塞继续右行，缓冲腔内空气升高，使活塞减速，直至停止，避免或减轻了活塞对缸盖的撞击，达到了缓冲的目的。调节缓冲阀的开口大小即可改变缓冲能力。带缓冲阀的汽缸称为可调缓冲汽缸。

缓冲阀的节流口不能过大也不能过小。若节流过大，活塞接近行程终端前，可能会出现弹跳现象。若节流过小，则活塞可能达不到预定的行程。

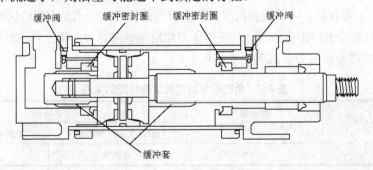

图8-12 汽缸的缓冲装置

3. 汽缸的选择

确定了汽缸的类型后，选择汽缸的具体结构及尺寸时考虑的因素较多。汽缸选用一般按下列步骤进行：

确定汽缸内经→选择安装方式→确定活塞杆直径→选用密封件材料→选择缓冲装置→确定防尘罩。

这里重点介绍汽缸内径的确定和活塞杆直径的确定

1）汽缸内径的确定

一般情况下，可根据汽缸使用的压力 p、轴向负载 F 和汽缸的负载率 η 来计算汽缸的内径。其中，汽缸使用的压力根据气源装置供气条件来确定，一般，p 应小于减压阀进口压力的 85%。

（1）负载力的计算

负载力是选择汽缸的重要因素，负载状况不同，作用在活塞杆轴向的负载力也不同。负载状态与负载力的关系参见表 8-6。

表 8-6 负载状态与负载力的关系

负载状态	提升	夹紧	水平滚动	水平滑动
负载力	$F=W$	$F=W$（夹紧力）	$F=\mu W$ $\mu=0.1\sim0.4$	$F=\mu W$ $\mu=0.2\sim0.3$

（2）汽缸负载率 η 的计算与选择

汽缸的负载率 η 是汽缸活塞杆受到的轴向负载力 F 与汽缸的理论输出力 F_0 之比，即

$$\eta=\frac{F}{F_0}\times100\% \tag{8-1}$$

负载率有两种选择方法，一是根据负载的运动状态选择负载率，参见表 8-7；二是根据汽缸的工作压力选择负载率，参见表 8-8。

（3）汽缸内径的计算方法

确定了 F、η 和 p 后，可以根据汽缸理论输出力的计算方法来反推汽缸的内径。汽缸的理论输出力是指汽缸处于静止状态时，其使用压力作用在活塞有效面积上产生的推力或拉力。

常见汽缸的理论输出力公式参见表 8-9。

表 8-7 负载率与负载的运动状态的关系

负载的运动状态	静载荷（如夹紧、低速压铆）	动载荷	
		汽缸速度 50～500mm/s	汽缸速度 >500mm/s
负载率 η	≤70%	≤50%	≤30%

表 8-8 汽缸工作压力与负载率的关系

P（MPa）	0.16	0.20	0.24	0.30	0.40	0.50	0.60	0.70～1
η	0.1～0.3	0.15～0.4	0.2～0.5	0.25～0.6	0.3～0.65	0.35～0.7	0.4～0.75	0.4～0.75

模块八 气压传动概述及气动元件

表 8-9 理论输出力的计算公式

单出杆单作用汽缸			说明
弹簧压回型汽缸	理论返回拉力	理论输出拉力	式中： F_0—理论输出力，N； D—缸径，mm； d—活塞杆直径，mm； p—使用压力，MPa； F_1—安装状态时的弹簧力，N； F_2—压缩空气进入汽缸后，弹簧处于被压缩时的弹簧力，N
	$F_0 = \frac{\pi}{4}D^2 p - F_2$	$F_0 = F_1$	
弹簧压出型汽缸	理论输出拉力	理论返回推力	
	$F_0 = \frac{\pi}{4}(D^2 - d^2)p - F_2$	$F_0 = F_1$	
单出杆双作用汽缸			
理论输出推力（活塞杆伸出）		理论输出拉力（活塞杆返回）	
$F_0 = \frac{\pi}{4}D^2 p$		$F_0 = \frac{\pi}{4}(D^2 - d^2)p$	

在计算过程中，对单作用汽缸，预设活塞杆直径与汽缸直径之比 $d/D=0.5$。对双作用汽缸，预设活塞杆直径与汽缸之比 $d/D=0.3\sim 0.4$，这样就可计算出缸径 D。结合式（8-1），则双作用单出杆汽缸的计算公式为：

活塞杆伸出时：

$$D = \sqrt{\frac{4F_0}{\pi p \eta}} \tag{8-2}$$

活塞杆返回时：

$$D = \sqrt{\frac{4F_0}{\pi p \eta} + d^2} \tag{8-3}$$

计算出 D 后，再根据表 8-10 圆整为标准值。

表 8-10 缸筒内径圆整值

8	10	12	16	20	25	32	40	50	63	80	(90)	100
(110)	125	(140)	160	(180)	200	(220)	250	(280)	320	(360)	400	(450)

注：表中带括号的圆整值不是优先选用值。

2）汽缸活塞杆符合径的确定

在确定汽缸活塞杆直径时，一般按 $d/D=0.2\sim 0.3$ 进行计算，必要时也可按 $d/D=0.16\sim 0.4$ 进行计算，计算后再按标准进行圆整，活塞杆直径的圆整值参见表 8-11。

表 8-11 活塞杆直径圆整值 （mm）

4	5	6	8	10	12	14	16	18	20	22	25
28	32	36	40	45	50	56	63	70	80	90	100
110	125	140	160	180	200	220	250	280	320	360	—

例题：如图 8-8 所示的气动夹具装置。设夹紧工件所需的夹紧力为 4500N，气源装置的供气压力为 0.7MPa，夹紧装置的最大有效工作行程为 600mm。试计算汽缸的内径 D 和活塞

杆直径 d，并进行圆整选择。

解：根据表 8-6 确定夹紧装置的负载力 $F=K=4500N$。

参考表 8-7 和表 8-8 选用夹紧装置的负载率 $\eta=50\%$。

根据式（8-2）可以计算出夹紧装置汽缸内径为

$$D=\sqrt{\frac{4F_0}{\pi p \eta}}=\sqrt{\frac{4\times 4500}{3.14\times 0.7\times 0.5}}=127.98mm$$

根据表 8-10 进行圆整，取 $D=140mm$。

取 $d/D=0.2\sim 0.3$，所以，活塞杆直径 $d=(0.2\sim 0.3)D=(0.2\sim 0.3)\times 140=(28\sim 42)$ mm。

根据表 8-11 进行圆整，取 $d=36mm$。

最后根据缸筒内径 D 和活塞杆直径选择某一厂家的汽缸的具体型号，其中，有效行程为 600mm。

四、知识拓展

特殊汽缸

1. 气—液阻尼缸

图 8-13 所示为串联式气—液阻尼缸的实物图和工作原理图。它是由汽缸和液压缸组合而成，以压缩空气为能源，利用油液的不可压缩性的控制流量来获得活塞的平稳运动与调节活塞的运动速度。

压缩空气自 A 口进入汽缸左侧，推动活塞向右运动，因液压缸活塞与汽缸活塞共用一个活塞杆，故液压缸活塞也向右运动，此时，液压缸右腔排油，油液由 A′口经节流阀面对活塞的运动产生阻尼作用，调节节流阀可改变阻尼缸的运动速度。反之，压缩空气自 B 口进入汽缸右侧，活塞向左移动，液压缸左侧排油，此时，单向阀开启，不产生阻尼作用，活塞快速向左运动。

与汽缸相比，气—液阻尼缸传动平稳、停位精确、噪声小。与液压缸相比，它不需要液压源、经济性好。同时，它还具有汽缸和液压缸的优点，因此得到了广泛应用。

2. 冲击汽缸

图 8-14 所示为冲击汽缸的工作原理图。它是由缸体、中盖、活塞和活塞杆等零件所组成，中盖与缸体固结在一起，其上开有喷嘴和低压排气口，喷嘴直径约为缸径的 1/3。中盖和活塞把缸体分为三个腔室：蓄能腔、活塞腔和活塞杆腔。

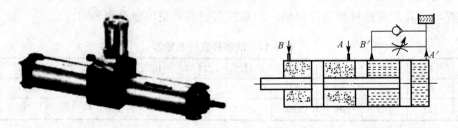

(a) 实物图　　　　　　　　　　　　　(b) 工作原理图

图 8-13　串联式气—液阻尼缸

冲击汽缸的工作过程可分为三个阶段：

第一阶段如图 8-14（a）所示，压缩空气输入活塞杆腔，活塞上升并用密封垫封住喷嘴。

第二阶段如图 8-14（b）所示，压缩空气进入蓄能腔中，其压力只能通过喷嘴口的小面积作用于活塞上，而活塞下端受力面积较大。向上的作用力仍然大于活塞上端向下的作用力，喷嘴口仍处于关闭状态。

第三阶段如图 8-14（c）所示，蓄能腔的压力继续增大，当蓄能腔内压力能克服活塞向下的阻力时，活塞开始向下运动，活塞一旦离开喷嘴，蓄能腔内的高压气体迅速充入到活塞与中盖间的空间，使活塞上端受力面积突然增大，于是，活塞将以极大的加速度向下运动，气体的压力能转换成活塞的动能。在冲程达到一定时，获得最大冲击速度和能量，利用这个能量对工件进行冲击作功，产生很大的冲击力。

冲击汽缸是一种体积小、结构简单、易于制造、耗气功率小但能产生相当大的冲击力的特殊汽缸。

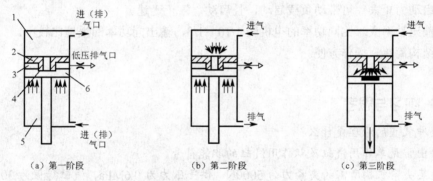

图 8-14 冲击汽缸工作原理图

气动马达

1．气动马达的类型及应用

气动马达是将压缩空气的压力能转换成机械能的能量转换装置，其作用相当于电动机或液压马达。气动马达按结构形式可分为：

（1）叶片式气动马达 制造简单、结构紧凑，但低速运动转矩小、低速性能不好，适用于中、低功率的机械，如矿山机械和风动工具等。

（2）活塞式气动马达 在低速情况下低速性能好，有较大的输出功率，适用于载荷较大和要求低速转矩的机械，如起重机、绞车、绞盘和拉管机等。

（3）齿轮式气动马达 结构复杂、制造精度要求高，目前应用较少。

2．气动马达的工作原理

图 8-15 所示为叶片式气动马达的实物图和工作原理图，它的结构和工作原理与叶片式液压马达相类似，这里不再赘述。

3．气动马达的工作特点

（1）实现无级调速 只要控制进气压力和流量，就可以调节气动马达的输出功率和转速。

(a) 实物图   (b) 工作原理图

图 8-15 叶片式气动马达

（2）过载保护作用 过载时，气动马达只会降低转速或停车，当过载消除后可以立即重新正常运转，不产生故障。

（3）工作环境适应性强 能在易燃、易爆和潮湿等恶劣环境下安全地正常工作。

（4）启动力矩大 可带动负载启动，且启动、停止迅速。

（5）输出功率大 比同功率的电机轻 1/10～1/3，输出同功率的惯性比较小。

（6）结构简单、操作方便。

 练习与思考

1. 缓冲装置的原理是什么？
2. 画出常见单作用汽缸及双作用汽缸的职能符号。
3. 设某夹紧机构所需的夹紧力为 5000N，供气压力为 0.6MPa，汽缸行程为 300mm，试确定该汽缸的类型、汽缸内径及活塞杆直径。

模块九　气压传动控制元件及控制回路

任务二十一　方向控制元件及方向控制回路

学习内容

基础知识

1. 气压传动系统中方向控制阀的工作原理、职能符号及表示方法
2. 气压传动系统中典型方向控制回路及工作过程

基本技能

能正确掌握典型方向控制回路的基本工作过程及控制原理

学习目的

1. 了解方向控制阀的种类及结构原理
2. 熟悉方向控制阀的职能符号及表示方法
3. 掌握典型方向控制回路的分析与连接方法

一、任务描述

如图 9-1 所示，这是加工中常用的自动送料装置的工作示意图。该装置的工作要求：当工件加工完成后，按下按钮，送料汽缸伸出，把未加工的工件送入加工位置，松开按钮汽缸收回，以待把下一个未加工工件送到加工位置。那么，此装置是如何实现自动送料控制的呢？

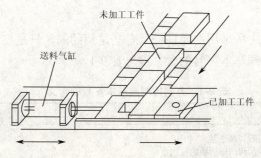

图 9-1　送料装置工作示意图

二、任务分析

通过对自动送料装置的工作要求的分析可知，此装置只要求汽缸能够伸出、收回到指定位置，即汽缸能实现直线往复移动。气动执行元件的运动方向的控制是由方向控制阀来完成的，本任务中，我们就来了解气动方向控制阀及方向控制回路。

三、任务完成

1．方向控制阀的工作原理

图 9-2 所示为气动系统中常见的方向控制阀。它的作用与液压系统中的方向控制阀类似，用以控制压缩空气流通路径的通断或压流动方向。

方向控制阀的工作原理如图 9-3 所示。它有进气口、排气口与工作口。图 9-3（a）所示为初始工作状态，阀芯把进气口与工作口之间的通道关闭，两口不通，而工作口与排气口相通，压缩空气可以通过排气口排入大气中。图 8-3（b）所示为当按下阀芯时的工作状态，此时进气口与工作口相通，压缩空气通过进气口进入，工作口输出，而排气口关闭。

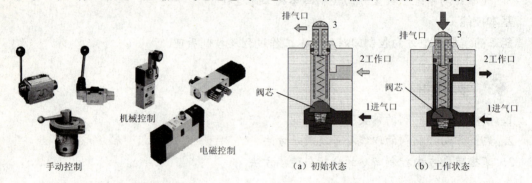

图 9-2　方向控制阀　　　　　　图 9-3　方向控制阀的工作原理

系统中采用方向控制阀时，使阀芯移动与复位的控制方式也有很多种。可以采用机械控制方式，气动方式或电气控制方式，也可采用机、电、气的综合控制方式。

2．方向控制阀的表示方法

1）方向控制阀的职能符号

（1）基本符号的含义

气压传动与液压传动中所采用的元件符号有些是相同的，只是控制介质不同，同时有各自的不同特征。方向控制阀基本符号的含义参见表 9-1。

表 9-1　方向控制阀基本符号的含义

基本符号	含　义
□	方块表示阀门的切换位置
□□	方块的数目表示阀门可切换的位置数目
↑	方块内的直线表示压缩空气的流动路径，箭头表示流动的方向

模块九 气压传动控制元件及控制回路

续表

基本符号	含 义
	方块内横竖短线表示压缩空气流动路径的切断位置
	方块外面所绘的短线表示阀门的接入口或出口

在方块外所绘的短线表示阀口的接口，绘有接口的方块代表阀芯的初始位置，也是阀芯的常态位置或系统中阀的最初工作位置。

（2）职能符号的画法

方向控制阀可以用其控制的接口数目来表示，第一个位置对应一个单独的方块。图 9-4 所示为方向控制阀的表示方法。

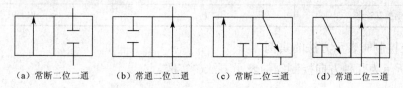

（a）常断二位二通　（b）常通二位二通　（c）常断二位三通　（d）常通二位三通

图 9-4　方向控制阀的表示方法。

2）阀门的控制方式

阀门的控制一般画在阀符号的两侧，有的阀还可能有附加的操作方式。阀门的控制方式参见表 9-2。

表 9-2　阀门的控制方式

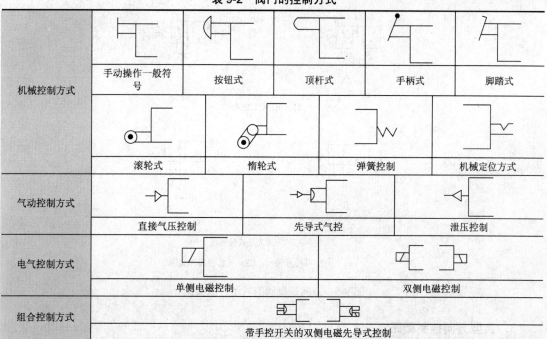

机械控制方式	手动操作一般符号	按钮式	顶杆式	手柄式	脚踏式
	滚轮式	惰轮式	弹簧控制	机械定位方式	
气动控制方式	直接气压控制	先导式气控	泄压控制		
电气控制方式	单侧电磁控制	双侧电磁控制			
组合控制方式	带手控开关的双侧电磁先导式控制				

3）方向控制阀接口的表示方法

为说明在实际系统中阀门的位置及保证线路连接的正确性，明确控制回路和所用元件的关系，在气压传动中用一定的表示方法规定了阀的接口及控制。具体参见表9-3。

现在常用的表示方法有数字符号和字母符号两种方法。

表 9-3　方向控制阀阀口的表示方法

接　　口	字母表示方法	数字表示方法
压缩空气输入口	P	1
排气口	R、S	3、5
压缩空气输出口	A、B	2、4
使1～2、1～4导通的控制接口	Z、Y	12、14
使阀门关闭的接口	Z、Y	10
辅助控制管路	P_z	81、91

4）方向控制阀表示方法的实例

图9-5所示为几种方向控制阀的表示方法的实例。

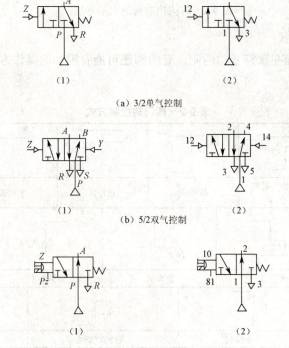

(a) 3/2单气控制

(b) 5/2双气控制

(c) 3/2电磁先导式控制阀

(1)—字母符号表示；(2)—数字符号表示

图 9-5　方向控制阀的表示方法实例

3. 典型方向控制回路

前述任务中的自动送料装置的控制，我们可以设计如图9-6所示的控制系统来完成。

模块九 气压传动控制元件及控制回路

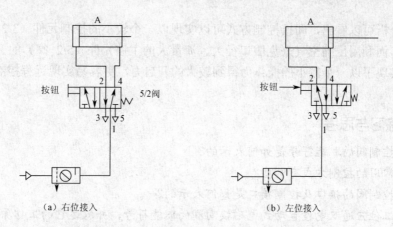

(a) 右位接入　　　　　　　　　　　(b) 左位接入

图 9-6　自动送料装置控制回路图（直接控制方式）

在初始位置时，如图 9-6（a）所示。在弹簧力的作用下，5/2 阀的右位接入系统，压缩空气经阀的进气口 1 到达工作口 4，进入汽缸的右腔，活塞收回。当按下按钮时，5/2 阀左位接入系统，如图 9-6（b）所示。压缩空气从阀的进气口 1 到达工作口 2，压缩空气进入汽缸的左腔，使活塞杆伸出。当释放按钮时，在弹簧力的作用下，5/2 阀右位接入系统，使活塞杆收缩回到初始位置。

在上述控制系统中只采用一个方向控制阀，通过阀芯的工作位置的切换控制阀口的通断来改变压缩空气的通路从而控制汽缸动作。我们把这种方式叫做直接控制方式。

除了直接控制方式以外，我们还可以采用间接控制方式来控制汽缸的往复动作，图 9-7 所示为自动送料装置的间接控制系统回路图。

在初始位置时，如图 9-7（a）所示。5/2 阀右位接入系统，压缩空气经阀的进气口 1 到达工作口 4，进入汽缸的右腔，活塞收回。当按下按钮时，如图 9-7（b）所示。压缩空气经 3/2 阀的左位作用在 5/2 阀上，使得 5/2 阀左位接入系统，压缩空气从阀的进气口 1 到达工作口 2，压缩空气进入汽缸的左腔，使活塞杆伸出；当释放按钮，在弹簧力的作用下，5/2 阀右位接入系统，使活塞杆收缩回到初始位置。

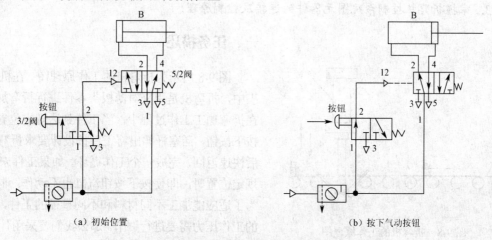

(a) 初始位置　　　　　　　　　　　(b) 按下气动按钮

图 9-7　自动送料装置控制回路图（间接控制方式）

从以上分析可以看出，间接控制方式可以实现以一个较小的控制元件（3/2 阀）作为操作控制元件，而利用压缩空气来克服口径大、流量大的主控元件（5/2 阀）的开启阻力。这种控制方法实现了以一个较小的操作力得到较大的开启力，更容易实现远程控制。

练习与思考

1. 方向控制阀的职能符号是如何表示的？
2. 阀门常用的控制方式有哪些？
3. 方向控制阀的接口及控制接口是如何表示的？
4. 画出二位三通双电控直动式电磁换向阀的职能符号，并叙述它的工作原理。

任务二十二　压力控制元件及压力控制回路

学习内容

基础知识
1. 调压阀、双压阀、快速排气阀的工作原理、特点及应用
2. 气动系统中元器件编号的方法

基本技能

能根据工作要求，正确选用调压阀、双压阀和快速排气阀，能根据气动系统图中元器件的编号，正确识别气动元件，并能分析气动系统图的控制原理。

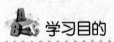

1. 掌握调压阀、双压阀、快速排气阀的工作原理及特点
2. 了解气动系统元器件编号的方法
3. 掌握折弯机控制系统图元器件的连接及控制原理。

一、任务描述

图 9-8 所示为折弯机的工作原理图。在机械加工中，折弯机是用来对薄板类零件进行折弯加工。在折弯加工工作过程中，当工件到达规定位置时，按下按钮，活塞杆伸出将工件按设计要求折弯，然后快速返回，完成一个工作循环。如果工件未到达规定位置时，即使按下按钮汽缸也不动作。同时，为了适应能加工不同材料和不同直径的工件，系统的工作压力需要进行调节。那么我们要采用什么控制系统来实现上述控制过程呢？

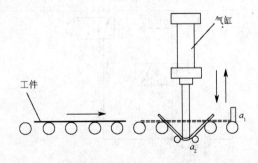

图 9-8　折弯机的工作原理图

模块九 气压传动控制元件及控制回路

二、任务分析

根据折弯机的工作要求可知,要使工件按要求折弯,系统必须提供足够的压力。要想适应不同材料的工件加工,系统压力必须可调。要使工件按要求尺寸折弯,活塞杆伸出位置要能灵活控制。为保证工作效率,工件折弯后,活塞杆必须能快速退回。另外,为使机器可靠工作,必须要求工件到达指定位置后,汽缸才能动作,否则按下启动控钮,汽缸也无动作。下面我们就来了解一下,采用哪些控制元件可以完成上述工作过程的控制。

三、任务完成

1. 调压阀

调压阀也称减压阀,在气动系统中,一般由空气压缩机先将空气压缩,储存在储气罐内,然后经管路输送给各个气动装置使用。而储气罐的空气压力往往比各台设备实际所需要的压力高些,同时其压力波动值也较大。因此,需要用调压阀(减压阀)将其压力减到每台装置所需的压力,并使减压后的压力稳定在所需压力值上。

调压阀调节的是出口压力,使其低于进口压力,并能保持出口压力的稳定。图 9-9 所示为直动式调压阀的实物图、结构原理图和职能符号。压缩空气经左端输入,经阀口节流减压后从右端输出。输出气流的一部分由阻尼孔进入膜片气室,在膜片的下方产生一个向上的推力,这个推力总是企图把阀口开度关小,使其输出压力下降。当作用于膜片上的推力与弹簧力相平衡后,减压阀的输出压力便保持一定。

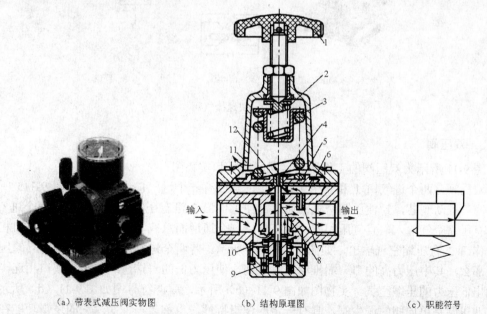

(a) 带表式减压阀实物图　　(b) 结构原理图　　(c) 职能符号

1—手柄;2、3—调压弹簧;4—溢流阀座;5—膜片;6—膜片气室;7—阻尼管;8—阀芯
9—复位弹簧;10—进气阀座;11—排气孔;12—溢流孔

图 9-9 直动式减压阀

当输入压力发生波动时（如输入压力瞬时升高，输出压力也随之升高），作用于膜片上的气体推力也随之增大，破坏了原来的力的平衡，膜片上移，有少量气体经溢流口排出。在膜片上移的同时，因复位弹簧的作用，使节流口减小，输出压力下降，直到重新平衡为止。重新平衡后的输出压力又基本上恢复至原值。反之，输出压力瞬时下降，膜片下移，进气节流口开度增大，节流作用小，输出压力又基本上回升至原值。所以，调压阀总能使输出的压力保持一个基本稳定的值。

值得注意的是，在气动系统中，二联件或三联件中就有调压阀，因而调压阀很少单独使用，系统的压力由二联件或三联件调节控制。

2. 快速排气阀

图 9-10 所示为快速排气阀的工作原理、职能符号和实物图。当进气口 1 进入压缩空气，使密封活塞上移，封住排气口 3，这时工作口 2 有压缩空气输出；当工作口有气体需要排出时，密封活塞下移，封住进气口 1，而使工作口 2 与排气口 3 相连，气体快速排出。图 9-10（b）所示为快速排气阀的职能符号，图 9-10（c）所示为快速排气阀的实物图。

快速排气阀是为了使汽缸快速排气，加快汽缸的运动速度而设置的，简称快排阀，一般安装在换向阀和汽缸之间，它属于方向控制阀中的派生阀。

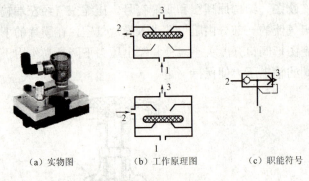

(a) 实物图　　(b) 工作原理图　　(c) 职能符号

图 9-10　快速排气阀

3. 双压阀

图 9-11 所示为双压阀的工作原理、职能符号和实物图。

双压阀有两个进气口 1 和一个工作口 2，当仅有一个进气口进气时，如图 9-11a 所示，压缩空气推动阀芯，封住压缩空气的通道，使工作口 2 没有压缩空气输出。若两个进气口 1 同时有压缩空气输入，且气压相同，阀芯封住一个通道而总有另一个进气口与工作口相通，使工作口 2 有压缩空气输出，如图 9-11（b）所示。若两个进气口输入的压缩空气的压力不同，那么，其中压力高的那一端推动阀芯移动，使压力低的一端进气口与工作口相连，工作口输出低压力的压缩空气。实物图如图 9-11（c）所示，职能符号图如图 9-11（d）所示。

双压阀是单向阀的派生阀，具有一定的逻辑特性，也称"与"阀，它的逻辑功能在以后的逻辑回路中讲解。

4. 压力控制回路图

（1）折弯机的控制回路

模块九　气压传动控制元件及控制回路

我们根据前面任务中所描述的折弯机的工作过程要求，通过对方向控制阀和压力控制阀的相关知识的学习，设计出折弯机系统控制回路图如图 9-12 所示。

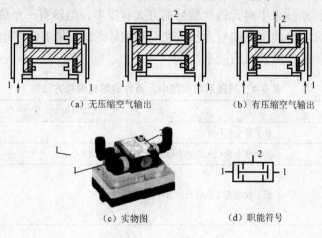

(a) 无压缩空气输出　　(b) 有压缩空气输出

(c) 实物图　　(d) 职能符号

图 9-11　双压阀

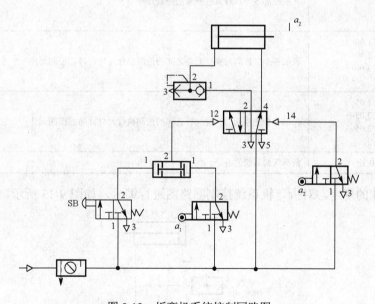

图 9-12　折弯机系统控制回路图

在初始位置，压缩空气经主控阀的右位进入汽缸的右腔，使汽缸的活塞杆返回。由于双压阀的特性，只有在工件到达预设位置，即压下行程阀开关 a_1（左位接通），同时按下行程阀按钮 SB（左位接通）时，双压阀才有压缩空气输出，使主控阀左位接通，经快速排气阀进入汽缸的左腔，使汽缸活塞杆伸出。同时，行程阀开关 a_1 脱开，行程阀在弹簧力的作用下复位，双压阀没有压缩空气输出。

当活塞杆运行到 a_2 的位置时，压下行程阀开关 a_2（左位接通），压缩空气使主控阀右位接通，压缩空气进入汽缸的右腔，左腔的空气从快速排气阀排出，使活塞杆快速返回。同时，行程阀开关 a_2 脱开，行程阀在弹簧力的作用下复位，完成一个工作任务的循环。

为了清楚地表达各个元器件，方便对系统控制回路进行检查、分析和验证，需要对系统控制回路中的各个元器件按一定的规律加以编号。

（2）元器件的编号方法

目前，在气动传动技术中对元器件编号的方式有很多，但没有一个统一的标准。表 9-4 所示为系统回路中元器件的常见编号方法。使用该编号方法，能够清楚地表示各个元器件和各个元器件在系统中的作用及对应关系。

表 9-4 气压系统回路中元器件的常见编号方法

数 字 符 号	表示含义及规定
1.0、2.0、3.0…	表示各个执行元件
1.1、2.1、3.1…	表示各个执行元件的末级控制元件（主控阀）
1.2、1.4、1.6… 2.2、2.4、2.6… 3.2、3.4、3.6… …	表示控制各个执行元件前冲的控制元件
1.3… 2.3… 3.3… …	表示控制各个执行元件回缩的控制元件
1.02、1.04、1.06… 2.02、2.04、2.06… 3.02、3.04、3.06… …	表示各个主控阀与执行元件之间的控制执行元件前冲的控制元件
1.01、1.03、1.05… 2.01、2.03、2.05… 3.01、3.03、3.05… …	表示各个主控阀与执行元件之间的控制执行元件回缩的控制元件
0.1、0.2、0.3…	表示气源系统的各个元件

参考表 9-4 的规定，对折弯机系统控制回路图进行编号，如图 9-13 所示。

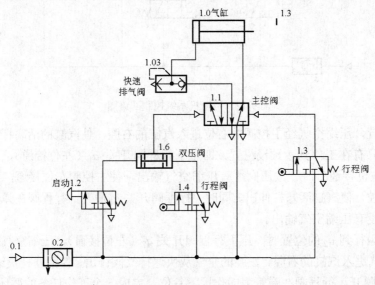

图 9-13 折弯机系统控制回路图及编号

模块九　气压传动控制元件及控制回路

四、知识拓展

其他压力控制阀

在气动系统中,通过控制压缩空气的压力来控制执行元件的输出力或控制执行元件实现顺序动作的阀统称为压力控制阀,它包括调压阀、安全阀、顺序阀和多功能组合阀。

1. 安全阀

安全阀相当于液压系统中的溢流阀,它在气动系统中限制回路中的最高压力,以防止管路破裂及损坏,起着过载保护作用。图 9-14 所示为安全阀工作原理图、职能符号和实物图。当系统中气体压力在调定范围内时,作用在阀芯上的压力小于弹簧力,活塞处于关闭状态;当系统压力升高,作用在阀芯上的压力大于弹簧力时,阀芯向上移动,阀门开启,进气口与排气口相通。直到系统压力降到调定范围以下,活塞又重新关闭。图 9-14(b)为安全阀的职能符号。图 9-14(c)为安全阀的实物图。

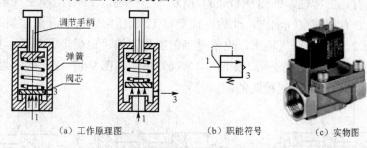

图 9-14　安全阀

2. 顺序阀

顺序阀是依靠气路中压力作用而控制执行元件按顺序动作的压力控制阀。图 9-15(a)所示为工作原理图。它是根据弹簧的预压缩量来控制其开启压力。当输出压力小于弹簧设定压力时,工作口 2 没有输出;当输入压力达到或超过开启压力时顶开弹簧,工作口 2 有压缩空气输出。如图 9-15(b)所示为顺序阀的职能符号。

图 9-15(c)所示为单向顺序阀的职能符号。它由单向阀和顺序阀并联组合而成,当压缩空气由口 1 输入时就相当于顺序阀的功能,当压缩空气反向流动时,输入口 1 变成排气口,压缩空气由口 2 进入,口 3 排出。

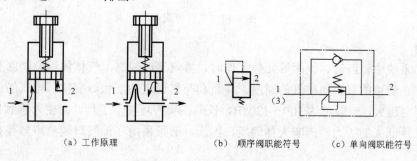

图 9-15　顺序阀与单向顺序阀

图 9-16（a）所示为可调压力顺序阀的实物图，其职能符号如图 9-16（b）所示。当控制口 12 的压力能克服弹簧力，使 3/2 阀换向时，工作口 2 有压缩空气输出，弹簧的设定压力通过手柄可以调节。这种阀压力顺序动作可靠，而且工作口输出的压缩空气没有压力损失。

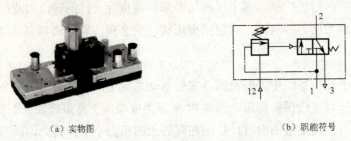

图 9-16 可调压力顺序阀

双气控阀的记忆特性

双气控阀具有记忆特性。如图 9-17（a）所示，当控制口 12 有压缩空气输入时，口 1 与口 2 相连，使口 2 有压缩空气输出，此后，控制口 12 的压缩空气断开后，如图 9-17（b）所示，它仍保持口 2 有压缩空气输出，也就是当前的位置被"记忆"下来了，直到控制口 14 有压缩空气输入，位置才发生变化，如图 9-17（c）所示。图 9-17（d）所示为双气控阀的实物图，图 9-17（e）所示为双气控阀的职能符号。

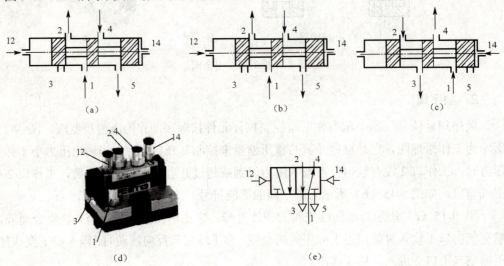

图 9-17 双气控阀

消声器

在气动系统中，汽缸、气阀等元件工作时，排气速度较高，气体体积急剧膨胀，会产生刺耳的噪声。噪声的强弱随排气的速度、排量和空气通道的形状而变化。排气的速度和功率越大，噪声也越大，一般可达 100~120dB，长期在噪声环境下工作，会使人感到疲劳，工作效率低下，降低人的听力，影响人体健康，因而，必须采用在排气口装消声器等方式来降低噪声。

图 9-18 所示为吸收型消声器的实物图、结构原理图和职能符号。

模块九 气压传动控制元件及控制回路

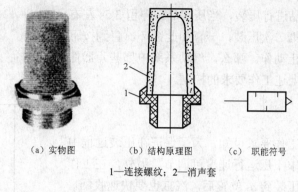

(a) 实物图　　(b) 结构原理图　　(c) 职能符号

1—连接螺纹；2—消声套

图 9-18　吸收型消声器

 练习与思考

1. 什么叫压力控制阀？压力控制阀有哪几种类型？
2. 气动控制原理图中各元器件编号的方法是什么？
3. 画出 5/2 双气控阀的职能符号，并根据其职能符号简述它的"记忆"特性。
4. 根据下列动作要求完成系统控制回路的设计。

某装置要求完成：按下启动按钮汽缸前伸，到达设定位置后延时 2～3s 退回。现要求用气—电控制技术控制该系统，试设计出该装置的气动回路图。

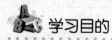 速度控制元件及速度控制回路

 学习内容

基础知识
1. 单向节流阀、延时阀、梭阀的工作原理、职能符号及应用
2. 压装装置的气压传动控制回路
3. 压装装置的电—气综合控制回路

基本技能
能正确分析压装装置的气动控制回路图，能根据气动控制回路图设计电-气控制回路图

学习目的

1. 掌握延时阀、节流阀、梭阀的工作原理、职能符号及应用
2. 分析压装装置气动控制回路图
3. 了解压装装置的电—气控制回路图

一、任务描述

图 9-19 所示为全自动包装机中压装装置工作示意图。压装装置的工作要求为：当按下启

动按钮后，汽缸对物品进行压装，当压实后，停留 3.5s 左右汽缸快速收回，进行第二次压装，一直如此循环，直到按下停止按钮，汽缸才停止动作。那么，气动系统中哪些元器件和控制回路才能实现上述工作要求的控制。

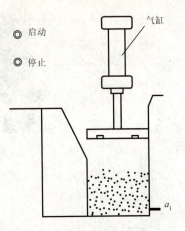

图 9-19　全自动包装机中压装装置工作示意图

二、任务分析

根据压装装置的工作要求可知，为了保证在压装过程中活塞杆运行平稳，要求下压运行速度可调节。另外，在工作位置上没有物品时，压装到 a_1 位置后，汽缸也要快速收回。由于压装物品的不同，有时还需要对系统的压力进行调整。要满足这样一些工作要求，就要求此装置的控制系统解决好时间控制、速度控制、压力和位置控制的关系，以及按下启动按钮后汽缸连续控制的方法。

这些控制除要应用到前面内容中所介绍的相关控制元件外，还可以借助延时阀、节流阀、梭阀等速度控制元件来完成。

下面我们就来了解一下这些速度调节元件，以及压装装置的控制回路。

三、任务完成

1. 单向节流阀

（1）单向节流阀的工作原理

单向节流阀是由单向阀和节流阀并联而成的组合式流量控制阀，它一般安装在主控阀和执行元件之间进行速度控制。在压装装置中，压装速度可以用单向节流阀来控制。图 9-20 所示为单向节流阀的工作原理图、职能符号和实物图。如图 9-20（a）所示，当压缩空气从口 1 流向口 2 时，单向阀关闭，压缩空气经节流阀节流通过，节流口的开口大小可以通过调节手柄进行调节。当压缩空气反向流通时，单向阀打开，不经节流快速从口 1 排出。图 9-20（b）所示为单向节流阀的职能符号，图 9-20（c）所示为单向节流阀的实物图。

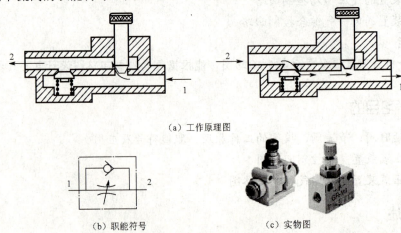

图 9-20　单向节流阀

模块九 气压传动控制元件及控制回路

（2）单向节流阀的应用

在速度控制回路中，通常是用单向节流阀来调节供气流量从而控制执行元件的动作速度。单向节流阀调节速度的方式主要有供气节流和排气节流两种。

图 9-21（a）所示为供气节流控制。即单向节流阀对汽缸进气进行调节。排出气流则可以通过阀内的单向阀从换向阀的排气口排出。这种控制方法可以防止汽缸启动时的"冲出"现象，而且调速的效果较好，一般用于要求启动平稳、单作用汽缸或小容积汽缸的场合。

图 9-21（b）所示为排气节流控制，即对汽缸供气是畅通无阻的，而对空气的排放进行节流控制。在此情况下，活塞承受一个被单向流量控制节流的待排放空气形成的一个缓冲气流，这大大改善了汽缸的进给性能，并能得到较好的低速平稳性，因此，在实际应用中大多采用排气节流方式。

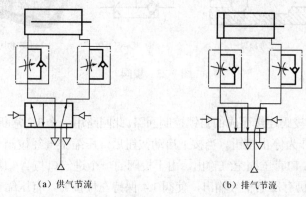

（a）供气节流　　　　　　（b）排气节流

图 9-21 节流回路控制方式

2. 延时阀

图 9-22 所示为延时阀的工作原理图、职能符号和实物图。图 9-22（a）所示为延时阀的工作原理图。它是由 3/2 阀、单向节流阀和储气室组合而成的。当控制口 12 有压缩空气进入，经节流阀进入储气室，单位时间内流入储气室的空气流量大小由节流阀调节，当储气室充满压缩空气达到一定程度时，即能克服弹簧的压力，使 3/2 阀的阀芯移动，使工作口 2 有压缩空气输出。图 9-22（b）所示为延时阀的职能符号，图 9-22（c）为延时阀的实物图。

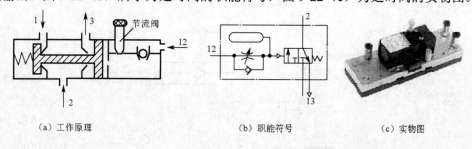

（a）工作原理　　　　　　（b）职能符号　　　　　　（c）实物图

图 9-22 延时阀

有的延时阀不设有储气室，所以延时时间较短，一般只有 0~30s，有了储气室延时时间较长。在时间控制上，若空气洁净，而且压力相对稳定，可以保证准确的切换时间。

3. 梭阀

（1）梭阀的工作原理

梭阀相当于两个单向阀的组合阀，有两个输入口，一个输出口。如图 9-23（a）所示。不管压缩空气从哪一个进气口进入时，阀芯都将另一面的进气口封闭，使工作口 2 有压缩空气输出。若两端进气口的压力不等，则高压口的通道打开，低压口被封闭，高压的进气口与工作口相连，工作口 2 输出高压的压缩空气。图 9-23（b）所示为梭阀的职能符号，图 9-23（c）所示为梭阀的实物图。

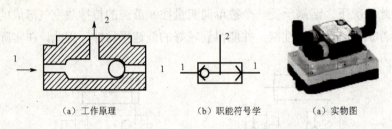

（a）工作原理　　　（b）职能符号学　　　（a）实物图

图 9-23　梭阀

（2）梭阀的应用

图 9-24 所示为用梭阀连接而成的自锁控制回路。此回路用一个 3/2 常断型阀作为启动按钮，用一个 3/2 常通型阀作为停止按钮。当按下启动按钮后，压缩空气经梭阀 1.2、停止阀的右位，使阀 1.4 左位接通，A 口有压缩空气输出。由于梭阀的一个进气口与 A 口相连，当松开启动按钮后，梭阀的工作口仍有压缩空气输出，使阀 1.4 保持左位接通，有压缩空气输出。

当按下停止按钮时，阀 1.4 在弹簧力的作用下，右位接通，工作口 A 没有信号输出，同时，梭阀的两进气口都没有压缩空气进入，工作口也没有压缩空气输出，所以，当松开停止按钮后，阀 1.4 仍保持右位接通，没有压缩空气输出。

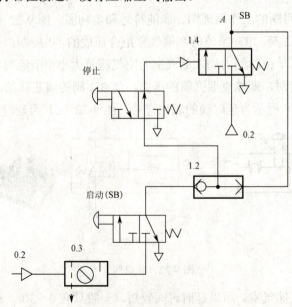

图 9-24　自锁控制回路

这种控制原理类似于电气控制中的继电器自锁控制,所以把这种控制方法称为自锁控制。在实际应用中,可以把它当作一个固定的模块来使用。在压装机的工作要求中,需要按下启动按钮,汽缸一直工作,直到按下停止按钮。这种控制就可以采用自锁控制回路。

4. 压装机的气动控制回路。

图 9-25 所示为压装装置气动系统回路图。从图中可以看出,在初始位置,压缩空气进入汽缸的右腔,使活塞杆返回,行程阀 1.2 左位接通。

当按下启动按钮时,压缩空气经行程阀 1.2 进入主控阀的左端控制口,主控阀左位接入系统,活塞杆前伸,而汽缸右腔的空气需经单向节流阀的节流口通过,速度受到控制。当活塞杆离开 1.2 的位置后,阀 1.2 在弹簧力的作用下,使右位接入系统,主控阀左端没有控制信号,而由于双气控阀的"记忆"特性,使活塞杆继续前伸。

当活塞杆运行到 1.5 的位置(或压力达到阀 1.9 的调节压力并延时一段时间后,阀 1.7 工作)阀 1.3 有压缩空气输出,使主控阀 1.1 右位接入系统,活塞杆回缩,同时,主控阀使系统回到初始位置。

当活塞杆运行到 1.2 位置时,又使汽缸前伸,一直这样循环工作,直到按下停止按钮,使系统回到初始位置。

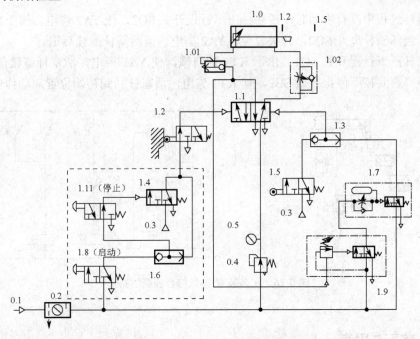

图 9-25 压装装置气动控制回路图

四、知识拓展

压装装置电—气综合控制回路

压装装置除可采用纯气动控制方式外,还可以采用电—气综合控制方式。图 9-26 所示为压装装置电—气控制回路图。

从图 9-26（a）可以看出，主控回路选用 5/2 电磁换向阀作为末级主控元件，为了调速平稳选用回气节流调速回路，汽缸的快退用快速排气阀来实现，在压紧控制中选用压力开关作为从压力到电信号的转换。而图 9-26（b）所示为压装装置电气控制图。

压装装置电—气综合控制回路的控制原理如下：

在初始位置时，压缩空气从阀 1.1 的右位进入汽缸 1.0 的有杆腔，使活塞杆回缩，同时压下行程开关 SQ1，使开关 SQ1 闭合。

当按下启动按钮 SB1，线圈 KA1 得电，使触点 KA1 闭合，YA1 得电，主控阀 1.1 左位接入系统，压缩空气进入汽缸 1.0 的无杆腔，活塞杆前伸。同时由于触点 KA1 闭合，使线圈 KA1 保持得电，也就是自锁。当活塞杆前伸中离开行程开关 SQ1，在弹簧力的作用下，SQ1 复位，使线圈 YA1 失电，但在双电磁阀的"记忆"功能下，仍保持左位接通，使活塞杆继续前伸，压实工料。

在压装过程中有物品时，当汽缸无杆腔的压力达到压力开关所设定的值后，压力开关 K 闭合，使时间继电器线圈 KT 得电，当达到调定的时间 35S 后触点 KT 闭合，使线圈 YA2 得电，阀 1.1 右位接入系统，压缩空气进入汽缸的有杆腔，活塞杆回退，同时压力开关复位，线圈 KT 失电，触点 KT 复位，线圈 YA2 失电，但在双电磁阀的"记忆"功能下，仍保持右位接通，活塞继续后退。

如果压装过程中没有物品时，活塞杆压下行程开关 SQ2，使 YA2 得电，阀 1.1 换位，活塞杆回退，当活塞杆离开 SQ2，开关复位，YA2 失电，但活塞杆继续后退。

当活塞杆压下行程开关 SQ1，由于 KT1 的自锁，使 YA1 得电，活塞杆继续前伸，进入下一个循环，直到按下停止按钮 SB2，使 KT1 失电，活塞杆回到初始位置，动作停止。

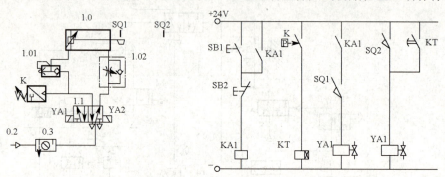

图 9-26 压装装置电-气综合控制回路

练习与思考

1. 画出单向节流阀的职能符号并简述其工作原理。
2. 画出延时阀的职能符号并简述其工作原理。
3. 画出梭阀的职能符号并简述其工作原理。
4. 简述排气节流和进气节流的工作特点。
5. 根据控制要求设计系统控制回路图。

某装置要求：按下启动按钮后活塞杆必须延时 3～5s 才前伸，当到极限位置或设定的压力后快速退回,如此循环,直到按下停止按钮后活塞杆回到初始位置。试设计此装置的气动控制回路图。

任务二十四 逻辑控制元件及逻辑控制回路

学习内容

基础知识
1. 气动逻辑元件的种类
2. 基本逻辑元件的结构原理及逻辑表达式
3. 逻辑回路的真值表及逻辑式的计算和简化

基本技能
能根据逻辑表达式设计出逻辑回路,并能正确的选择逻辑元件

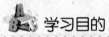
学习目的

1. 了解气动逻辑元件的种类
2. 掌握基本逻辑元件的结构原理及逻辑表达式
3. 掌握逻辑回路的真值表的填写方法
4. 了解逻辑式计算及简化方法

一、任务描述

图 9-27 所示为分料装置具有逻辑功能的控制示意图。它是用 3 个按钮来控制汽缸动作,工作要求:3 个控制按钮只要任意 2 个(或 2 个以上)按钮都有信号发出时,汽缸就伸出,到 a_1 的位置后返回到初始位置。如果只有其中 1 个按钮有信号发出,汽缸不动作。如要完成这样的工作要求,应该采用哪些元件来进行控制呢?

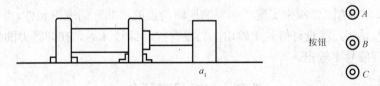

图 9-27　逻辑功能控制示意图

二、任务分析

从该装置的工作要求中可以看出,对于控制回路需要做出一定的分析与判断,来确定汽缸伸出与否。像这种根据条件能进行判断的控制回路都称为逻辑回路。逻辑回路是由各种逻辑元件根据控制要求连接而成。下面我们就来了解一下逻辑控制元件与逻辑控制回路的相关知识。

三、任务完成

1. 基本逻辑元件

气动逻辑元件是指在控制回路中能实现一定的逻辑功能的元器件，它一般属于开关元件。气动逻辑元件的种类很多，按逻辑功能可分为"是"门元件、"非"门元件、"或"门元件、"与"门元件、"禁"门元件和"双稳"元件。本任务中主要介绍"是"门元件、"非"门元件、"或"门元件和"与"门元件这四种基本的逻辑元件。

（1）"是"门元件

"是"的逻辑含义就是只要有控制信号输入，就有信号输出；反之，如果没有控制信号输入，就没有信号输出。在气动系统中就是指控制信号输入，就有压缩空气输出，没有控制信号输入，就没有压缩空气输出。

表 9-5 是以常断型 3/2 阀来实现"是"的逻辑功能的"是"门逻辑元件。其中，"A"表示控制信号，"Y"表示输出信号。在逻辑上用"1"和"0"表示两个对立的状态，"1"表示控制信号输出，"0"表示没有信号输出。

表 9-5 "是"门逻辑元件

名称	阀职能符号	表达式	逻辑符号	真值表	
"是"门元件		$Y=A$		A	Y
				1	1
				0	0

（2）"非"门元件

"非"的逻辑含义与"是"相反，就是当有控制信号输入时，没有压缩空气输出，当没有控制信号输出时，有压缩空气输出。

表 9-6 是以常通型 3/2 阀来实现"非"的逻辑功能的"非"门逻辑元件。当有控制信号 A 时，阀左位接入系统，就没有信号 Y 输出。当没有控制信号 A 时，在弹簧力的作用下，阀右位接入系统，有信号 Y 输出。

表 9-6 "非"门逻辑元件

名称	阀职能符号	表达式	逻辑符号	真值表	
"非"门元件		$Y=\overline{A}$		A	Y
				1	0
				0	1

模块九　气压传动控制元件及控制回路

（3）"与"门元件

"与"门元件有两个输入控制信号和一个输出信号，它的逻辑含义是只有两个控制信号同时输入时，才有信号输出，否则就没有信号输出。

在气动系统中，"与"的逻辑功能通常用双压阀来实现，表 9-7 所示为"与"门逻辑元件。通过任务二十三的内容可知，双压阀只有在控制口 A、B 都有压缩空气输入时，Y 口才有压缩空气输出，否则，若只有 A 口或 B 口有压缩空气输入时，输出口 Y 都没有压缩空气输出。双压阀就是典型的"与"门逻辑元件。

表 9-7　"与"门逻辑元件

名　称	阀职能符号	表达式	逻辑符号	真　值　表		
				A	B	Y
"与"门元件		$Y = A \bullet B$		0	0	0
				1	0	0
				0	1	0
				1	1	1

（4）"或"门元件

"或"门元件也有两个输入控制信号和一个输出信号，它的逻辑含义是只要有任何一个控制信号输入，就有信号输出。

"或"的逻辑功能在气动系统中常用梭阀来实现，见表 9-8 为"或"门逻辑元件。当控制口 A 或 B 任一端口有压缩空气输入时，Y 就有压缩空气输出。A 或 B 都有压缩空气输入时，输出端口 Y 也有压缩空气输出。梭阀就是典型的"或"门逻辑元件。

表 9-8　"或"门逻辑元件

名　称	阀职能符号	表达式	逻辑符号	真　值　表		
				A	B	Y
"或"门元件		$Y = A + B$		0	0	0
				1	0	1
				0	1	1
				1	1	1

2. 分料装置逻辑控制回路

在绘制具有逻辑控制功能的系统图时，一般先根据动作要求列出逻辑状态表，也就是真值表，再根据真值表写出逻辑表达式，并进行简化，然后根据简化后的表达式设计出逻辑图，再根据逻辑图画出气动控制系统图。

1）真值表

选料装置有三个按钮，分别为 A、B、C，输出信号为 Y。其次有信号输入为"1"，没有信号输出为"0"，则根据分料装置的控制要求，列出逻辑状态表。参见表 9-9。

液压与气动传动

表9-9 分料装置逻辑控制真值表

A	B	C	Y
0	0	0	0
1	0	0	0
0	1	0	0
0	0	1	0
1	1	0	1
1	0	1	1
0	1	1	1
1	1	1	1

2）逻辑表达式及逻辑表达式的简化

（1）写逻辑表达式

写逻辑表达式时，取 $Y=1$ 或 $Y=0$ 的各行进行组合。组合时同一行的所有变量之间是"与"的逻辑关系。而在确定输入变量时，如对应 $Y=1$，若输入变量 A 为"1"，则表达式中取原变量为"A"。若输入变量 A 为"0"，则取其反变量"$\bar{A}$"。参见表 9-10。

表9-10 逻辑表达式

A	B	C	Y	
1	0	1	1	表达式为 $Y = A\bar{B}C$

而行与行之间是"或"的逻辑关系，所以有各行组合时，把全取的 $Y=1$ 或 $Y=0$ 的各行相加即可，这样就可以把表 9-9 的真值表组合成式（9-1）。

$$Y = AB\bar{C} + A\bar{B}C + \bar{A}BC + ABC \tag{9-1}$$

（2）简化逻辑表达式

状态表列出的表达式一般都需要进行简化，简化表达式要根据逻辑运算关系式进行。根据逻辑代数的基本运算法则，可以将式（9-1）简化如下：

$$\begin{aligned}
Y &= AB\bar{C} + A\bar{B}C + \bar{A}BC + ABC \\
&= AB\bar{C} + A\bar{B}C + \bar{A}BC + ABC + ABC + ABC \\
&= AB\bar{C} + ABC + A\bar{B}C + ABC + \bar{A}BC + ABC \\
&= AB(\bar{C}+C) + AC(\bar{B}+B) + BC(\bar{A}+A) \\
&= AB + AC + BC
\end{aligned} \tag{9-2}$$

3）根据逻辑表达式绘制控制系统图。

根据式（9-2）设计出选料装置的控制原理图，如图 9-28 所示。

在图 9-28 中，1.2、1.4、1.6 分别表示按钮 A、B、C，根据逻辑表达式，分别用双压阀 1.8、1.10、1.12 把 1.2 与 1.4、1.2 与 1.6、1.4 与 1.6 连接，再把双压阀所输出的信号分别用梭阀 1.14、1.16 连接，得到最终与表达式一样的控制信号"Y"。

这样，如果按钮 A、B 同时按下，阀 18 有压缩空气输出，则阀 1.18 就有压缩空气输出，使主控阀 1.1 左位接通，汽缸左腔进气，活塞杆伸出。当活塞杆压下行程阀 1.3 后，主控阀右位接通,活塞杆回到初始位置,完成一个循环。同样,同时按下按钮 A、C 或按钮 B、C 都完成同样的动作。

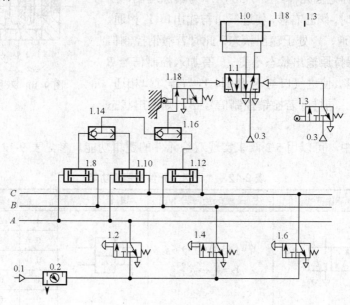

图 9-28 分料装置控制回路图

四、知识拓展

其他逻辑元件

1. "禁"门元件

图 9-29 所示为禁门元件的原理图。

其中 A 是 B 的禁止信号。当无禁止信号 A 时,信号 B 可通过,此时,输出端有信号输出。当有禁止信号 A 时,膜片在压缩空气的作用下使阀芯右移,B 端进气口被堵住,也就是信号 B 被禁止通过,输出端无信号输出。

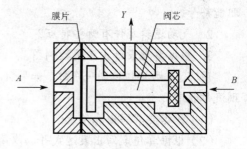

图 9-29 禁门元件原理图

在实际应用中也可以用常通型单气控 3/2 阀来实现禁门元件的逻辑功能。

"禁"门元件的逻辑功能参见表 9-11。

表 9-11 "禁"门元件的逻辑功能

名称	阀职能符号	表达式	逻辑符号	真值表		
				A	B	Y
"禁"门元件		$Y = \overline{A}B$		0	0	0
				1	0	0
				0	1	1
				1	1	0

2. 双稳元件

双稳元件也称记忆元件。图 9-30 所示为其原理图,当加入控制信号 A 时,阀芯右移,使进气口与输出口 Y_1 相通,而 Y_2 与排气口相通,Y_1 处于输出状态,此时若撤销控制信号 A,则元件仍保持原输出状态不变。只有加入控制信号 B 后,推动阀芯左移,使进气口与 Y_2 相通,Y_1 与排气口相通,Y_1 处于输出状态。同样,若撤销控制信号 B,则输出状态不变。

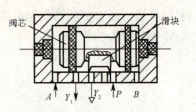

图 9-30 双稳元件原理图

在实际应用中,可以用 5/2 阀来实现双稳元件的逻辑功能。参见表 9-12。

表 9-12 "记忆"元件的逻辑功能

名 称	阀职能符号	表 达 式	逻辑符号	真 值 表			
				A	B	Y_1	Y_2
双稳逻辑元件		$Y_1 = (A+k) \cdot \overline{B} \leftrightarrow K_B^A$ $Y_2 = \overline{Y_1} \leftrightarrow K_A^B$		0	1	0	1
				0	0	0	1
				1	0	1	0
				0	0	1	0

 练习与思考

1. 写出基本逻辑元件"是""非""与""或"的真值表,并画出对应气动逻辑阀的职能符号。

2. 气动逻辑元件有哪些特点?

3. 根据要求设计出系统控制图。

用 A、B 两按钮控制一汽缸,如果 A、B 两按钮动作相同,汽缸伸出,如两按钮动作相反则汽缸收回。

(1) 根据要求写出真值表;

(2) 根据真值表写出表达式并加以简化;

(3) 根据简化后的表达式设计出控制回路图。

4. 简化下列逻辑表达式:

(1) $Y = AB + \overline{AC} + B\overline{C}$

(2) $Y = ABC + \overline{A}BC + A\overline{B}C$

模块十　典型气压传动系统及常见故障排除

任务二十五　典型气压传动系统分析

 学习内容

基础知识
1. 典型气压传动系统的原理图
2. 系统中各个元器件的作用及性能

基本技能
能根据气压传动系统图，分析其执行元件的动作状态及压缩空气经过的路线。

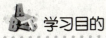 **学习目的**

1. 了解几种典型装置的气压传动系统图
2. 掌握几种典型装置的气压传动控制原理及过程
3. 掌握几种典型气压传动系统中元器件的作用及性能

一、任务描述

我们在模块九的任务中，学习了气压传动控制元件的工作原理和基本控制回路的相关知识。那么，控制元件和基本控制回路是如何在实际的生产与工作中得到应用的呢？

二、任务分析

在实际的生产与工作中，主要是根据具体的工作要求，运用气压传动的相关控制元件和基本控制回路来设计出符合工作要求的气压传动系统。下面我们就对在实际生产与工作中应用较多的几种典型气压传动系统进行分析。

三、任务完成

1. 工件夹紧气压传动系统

图 10-1 所示为工件夹紧的气压传动系统图。该系统主要应用于机械加工自动线和组合机

床中的工件定位与夹紧。其工作原理是：当工件运行到指定位置后，汽缸 A 的活塞杆伸出，将工件定位锁紧。之后，两侧的汽缸 B 和 C 的活塞杆同时伸出，从两侧面将工件压紧，实现夹紧，进行机械加工。其气压传动系统的工作过程如下：

当操作者踏下脚踏换向阀 1（在自动线中往往采用其他形式的换向方式）后，压缩空气经单向节流阀进入汽缸 A 的无杆腔，夹紧头下降至锁紧位置后使机动行程阀 2 换向，压缩空气经单向节流阀 5，使中继阀 6 换向，右位接入，压缩空气经阀 6 右位通过主控阀 4 的左位进入汽缸 B 和 C 的无杆腔，B 和 C 两汽缸的活塞杆同时伸出，将工件定位并夹紧。在工件加工完毕后，压缩空气的一部分经单向节流阀 3 使主控阀 4 延时换向到右侧，则两汽缸 B 和 C 返回。在两汽缸返回的过程中，有杆腔的压缩空气使脚踏阀 1 复位（右位接入），则汽缸 A 返回。此时，由于汽缸 A 的返回使行程阀 2 复位（右位接入），所以中继阀 6 也复位。由于阀 6 复位，汽缸 B 和 C 的无杆腔经由主控阀 4 和中继阀 6 通大气，主控阀 4 自动复位，由此完成了缸 A 压下→夹紧缸 B 和 C 伸出夹紧→夹紧缸 B 和 C 返回→缸 A 返回的动作循环。

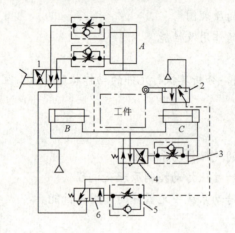

1—换向阀；2—行程阀；3、5—单向节流阀；4—主控阀；6—中继阀

图 10-1　工件夹紧的气压传动系统图

2. 插销分送机构

图 10-2 所示为插销分送机构的结构示意图。它的作用是将插销有节奏地送入测量机。该机构要求汽缸 A 前向冲程时间 $t_1=0.6s$，回程时间 $t_2=0.4s$，停止在前端位置的时间 $t_3=1.0s$，一个工作循环完成后，下一循环自动连续。

图 10-3 所示为插销分送机构的控制回路图。前向冲程时间可由进程节流阀调节，停顿时间由延时阀调节。汽缸前进速度由阀 V_1 调节，汽缸退回速度由阀 V_0 调节，停顿时间由延时阀 T 调节。S 为启动阀，a_0、a_1 为汽缸行程开关，分别控制两个二位三通行程换向阀。其工作过程如下：

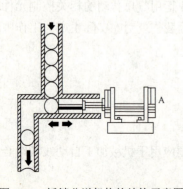

图 10-2　插销分送机构的结构示意图

汽缸 A 的活塞杆的初始位置在左端位置，活塞杆凸轮压下行程开关 a_0，扳动启动阀 S 后，"与"门 Z 两侧的条件满足，压缩空气流向 A_1 使主控阀换向，活塞杆向前运动，由单向节流阀 V_1 控制前向冲程时间 $t_1=0.6s$。在前端位置，活塞杆凸轮压下行程开关 a_1，向延时阀 T 供气，压缩空气通过节流阀进入储气室，延时 $t_2=1.0s$ 后，延时阀 T 中的二位三通阀动作，输出控制信号 A_0，使主控阀动作复位到初始位置（即左位），汽缸 A 退回，回程速度受到单向节流阀 V_0 控制，回程时间 $t_3=0.4s$，直至行程开关 a_0 再次被压下，回程结束。如果启动阀 S 保持在开启位置，则活塞杆将继续往复循环，实现插销的自动分送，直到阀 S 关闭，动作循环结束后才停止。

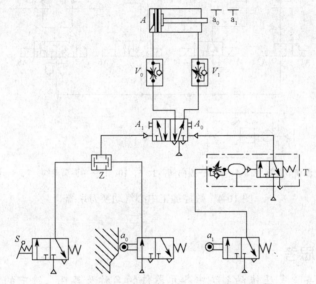

图 10-3 插销分送机构气动控制回路

3. 数控加工中心气动换刀系统

图 10-4 所示为某数控加工中心气动换刀系统图。该系统在换刀过程中能实现主轴定位、主轴松刀、拔刀和插刀以及向主轴锥孔吹气（清屑）的动作。其工作过程如下：

当操作者发出换刀指令时，数控系统发出主轴准停信号，YA4 通电，换向阀 4 右位接入，压缩空气经气源调节装置 1、换向阀 4、单向节流阀 5 的节流阀进入主轴定位缸 A 的右腔，缸 A 的活塞左移，使主轴自动定位。定位后压下无触点开关，使电磁铁 YA6 通电，换向阀 6 右位接入，压缩空气经换向阀 6、快速排气阀 8 进入气液增压器 B 的上腔，增压腔的高压油使活塞伸出，实现主轴松刀，同时使 YA8 通电，换向阀 9 右位接入，压缩空气经换向阀 9、单向节流阀 11 的单向阀进入缸 C 的上腔，缸 C 下腔排气，活塞下移实现拔刀。拔刀动作完成后，压下无触点开关，YA1 通电，压缩空气经换向阀 2、单向节流阀 3 向主轴锥孔吹气，进行清屑工作。稍后 YA1 断电、YA2 通电，停止吹气，YA8 断电、YA7 通电，换向阀 9 左位接入，压缩空气经换向阀 9、单向节流阀 10 进入缸 C 的下腔，活塞上移，实现下一把刀的插刀动作。插刀完成后，压下无触点开关，YA6 断电、YA5 通电，换向阀 6 左位接入，压缩空气经换向阀 6 进入气液增压器的下腔，活塞缩回，实现主轴刀具夹紧。夹紧后，压下无触点开关，YA4 断电、YA3 通电，换向阀 4 左位接入，缸 A 的活塞在弹簧力作用下复位。复位后，压下无触点开关，电磁铁 YA7 断电，换向阀 9 回中位，系统回复到开始状态，换刀动作完成。

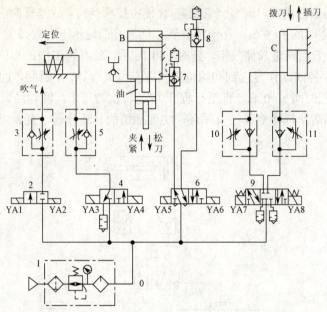

1—气源调节装置；2、4、6、9—换向阀；3、5、10、11—单向节流阀；7、8—快速排气阀

图 10-4 数控加工中心气动换刀系统

 练习与思考

1. 试说出工件夹紧气压传动系统中各元器件的名称及其在系统中的作用。
2. 试说出插销分送机构气压传动系统中各元器件的名称及其在系统中的作用。
3. 试说出加工心中气动换刀系统中各元器件的名称及其在系统中的作用。

任务二十六　气压传动系统常见故障及排除方法

 学习内容

基础知识
1. 气压系统常见的故障类型
2. 气压系统常见故障的分析与排除

基本技能
能根据液气压系统工作中出现的异常，分析故障产生的原因，明确排除故障的方法。

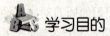 学习目的

1. 了解气压系统常见的故障类型
2. 掌握气压系统常见故障的排除方法

模块十 典型气压传动系统及常见故障排除

一、任务描述

与液压系统相同,随着工作时间的增加及环境的影响,气压传动系统同样会出现一些工作上的异常现象。例如,异常振动、供气不足或活塞杆输出推力下降等。如果不及时将出现的故障排除,势必会影响气压系统的正常工作,甚至会导致气压系统无法工作。那么,出现故障以后,我们要如何去检查和修理气压传动系统呢?

二、任务分析

正确的维护和保养气压传动系统是延长气压传动系统正常使用寿命的重要措施,这不仅需要我们要定期对气压系统进行维护和检修,还需要我们充分了解气压传动系统工作异常的原因,以便及时发现和排除故障。那么气压系统常见的故障有哪些呢?如何去排除呢?接下来,我们一起来学习。

三、任务完成

1. 气动系统常见故障的种类

由于故障发生的时期不同,故障的内容和原因也不同。因此,可将故障分为初期故障、突发故障、老化故障。

(1) 初期故障

在调试阶段和开始运转的二、三个月内发生的故障称为初期故障。其产生的原因主要:零件毛刺没有清除干净,装配不合理或误差较大,零件制造误差或设计不当。

(2) 突发故障

系统在稳定运行时期突然发生的故障称为突发故障。例如,油杯、水杯突然破裂;电磁线圈突然烧毁;相对运动件突然卡死等。

有些突发故障是有先兆的,如排出的空气中出现杂质和水分,表明过滤器失效,应及时查明原因,予以排除,不要酿成突发故障。但有些突发故障是无法预测的,只能采取安全保护措施加以防范,或准备一些易损备件,以便及时更换失效的元件。

(3) 老化故障

个别或少数元件达到使用寿命后发生的故障称为老化故障。参照系统中各元件的生产日期、开始使用日期、使用频繁程度,以及已经出现的某些征兆,如声音反常,泄漏越来越严重等,可以大致预测老化故障的发生期限。

2. 气压系统故障诊断的方法

(1) 经验法

经验法是指依靠实际经验,并借助简单的仪表诊断故障的部位,并找出故障原因的方法。

(2) 推理分析法

推理分析法是利用逻辑推理、步步逼近,寻找出故障的真实的原因的方法。

3. 气压系统常见故障及排除方法

气压传动系统及主要元件的常见故障和排除方法列于表 10-1 至表 10-8 中,供参照应用。

表 10-1 气压系统常见故障及排除方法

故　障	原　因	排除方法
元件和管道阻塞	压缩空气质量不好，水气、油雾含量过高	检查过滤器、干燥器，调节油雾器的滴油量
元件失压或产生误动作	安装和管道联接不符合要求（信号线太长）	合理安装元件与管道，尽量缩短信号元件与主控阀的距离
汽缸出现短时输出力下降	供气系统压力下降	检查管道是否泄漏、管道联接处是否松动
滑阀动作失灵或流量控制阀的排气口阻塞	管道内的铁锈、杂质使阀座堵塞	清除管道内的杂质或更换管道
元件表面有锈蚀或阀门元件严重阻塞	压缩空气中凝结水含量过高	检查、清洗过滤器、干燥器
活塞杆速度有时不正常	由于辅助元件的动作而引起的系统压力下降	提高压缩机供气量或检查管道是否泄漏、阻塞
活塞杆伸缩不灵活	压缩空气中含水量过高，使汽缸内润滑不好	检查冷却器、干燥器、油雾器工作是否正常
汽缸的密封件磨损过快	汽缸安装时轴中配合不好，使缸体和活塞杆上产生支撑应力	调整汽缸安装位置或加装可调支撑架
系统使用几天后，重新起动时，润滑动作部件动作不畅	润滑油结胶	检查、清洗油水分离器或小油雾器的滴油量

表 10-2 气压系统供压失常的故障及排除

故　障	原　因	排除方法
气路没有气压	① 系统回路中的开关阀、启动阀、速度控制阀等未打开； ② 换向阀未换向； ③ 管路扭曲； ④ 滤芯堵塞或冻结； ⑤ 介质和环境温度太低，造成管路冻结	① 予以开启； ② 查明原因后排除； ③ 矫正或更换管路； ④ 更换滤芯； ⑤ 清除冷凝水
系统供气不足	① 空气压缩机活塞环等磨损； ② 空气压缩机输出流量不足； ③ 减压阀输出压力低； ④ 速度控制阀开度太小； ⑤ 管路细长或管接头选用不当而压力损失过大； ⑥ 漏气严重	① 更换零件； ② 选取合适空气压缩机或增设一定容积气罐； ③ 调节至使用压力； ④ 将阀开到合适开度； ⑤ 加粗管径，选用流通能力大的接头及气阀； ⑥ 更换密封件，紧固管接头和螺钉
异常高压	① 因外部振动冲击； ② 减压阀损坏	① 适当位置安装溢流阀和压力继电器； ② 更换减压阀

表 10-3 减压阀常见故障及排除方法

故　障	原　因	排除方法
出口压力升高	① 阀弹簧损坏； ② 阀座有伤痕或阀座橡胶剥离； ③ 阀体中夹入灰尘，阀导向部分黏附异物； ④ 阀芯异向部分和阀体的O形密封圈收缩或膨胀	① 更换阀弹簧； ② 更换阀体； ③ 清洗、检查过滤器； ④ 更换O形密封圈

模块十 典型气压传动系统及常见故障排除

续表

故　障	原　因	排除方法
压力降很大（流量不足）	① 阀口通径小； ② 阀下部积存冷凝水，阀内混入异物	① 使用通径大的减压阀； ② 清洗、检查过滤器
向外漏气（阀的溢流处泄漏）	① 溢流阀座有伤痕（溢流式）； ② 膜片破裂； ③ 出口压力升高； ④ 出口侧背压增加	① 更换溢流阀座； ② 更换膜片； ③ 参看"出口压力上升"栏； ④ 检查出口侧的装置、回路
阀体泄漏	① 密封件损伤； ② 弹簧松弛	① 更换密封件； ② 张紧弹簧
异常振动	① 弹簧的弹力减弱或弹簧错位； ② 阀体的中心、阀杆的中心错位； ③ 因空气消耗量周期变化使阀不断开启、关闭与减压阀引起共振	① 把弹簧调整到正常位置，更换弹力减弱的弹簧； ② 检查并调整位置偏差； ③ 和制造厂协商
虽已松开手柄，出口侧空气也不溢流	① 溢流阀座孔堵塞； ② 使用非溢流式调压阀	① 清洗并检查过滤器； ② 非溢流调压松开手柄也不溢流。因此需要在出口侧安装高压溢流阀

表 10-4 溢流阀常见故障及排除方法

故　障	原　因	排除方法
压力虽已上升，但不溢流	① 阀内部的孔堵塞； ② 阀芯导向部分进入异物	清洗
压力虽没有超过设定值，但在溢流口处却溢出空气	① 阀内进入异物； ② 阀座损伤； ③ 调压弹簧损坏	① 清洗； ② 更换阀座； ③ 更换调压弹簧

表 10-5 方向阀常见故障及排除方法

故　障	原　因	排除方法
不能换向	① 阀的滑动阻力大，润滑不良； ② O 型密封圈变形； ③ 灰尘卡住滑动部分； ④ 弹簧损坏； ⑤ 阀操纵力小； ⑥ 活塞密封圈磨损； ⑦ 膜片破裂	① 进行润滑； ② 更换密封圈； ③ 清除灰尘； ④ 更换弹簧； ⑤ 检查阀操纵部分； ⑥ 更换密封圈； ⑦ 更换膜片
阀产生振动	① 空气压力低（先导式）； ② 电源电压低（电磁阀）	① 提高操纵压力，采用直动式； ② 提高电源电压，使用低电压线圈

表 10-6 汽缸常见故障及排除方法

故　障	原　因	排除方法
外泄漏： ① 活塞杆与密封衬套间漏气 ② 汽缸体与端盖间漏气 ③ 从缓冲装置的调节螺钉处漏气	① 衬套密封圈磨损，润滑油不足； ② 活塞杆偏心； ③ 活塞杆有伤痕； ④ 活塞杆与密封衬套的配合面内有杂质； ⑤ 密封圈损坏	① 更换衬套密封圈； ② 重新安装，使活塞杆不受偏心负荷； ③ 更换活塞杆； ④ 除去杂质，安装防尘盖； ⑤ 更换密封圈
内泄漏： 活塞两端串气	① 活塞密封圈损坏； ② 润滑不良； ③ 活塞被卡住； ④ 活塞配合面有缺陷，杂质挤入密封圈	① 更换活塞密封圈； ② 改善润滑； ③ 重新安装，使活塞杆不受偏心负荷； ④ 缺陷严重者更换零件，除去杂质
输出力不足，动作不平稳	① 润滑不良； ② 活塞或活塞杆卡住； ③ 汽缸体内表面有锈蚀或缺陷； ④ 进入了冷凝水、杂质	① 调节或更换油雾器； ② 检查安装情况，消除偏心； ③ 视缺陷大小再决定排除故障办法； ④ 加强对空气过滤器和分水排水器的维护管理，定期排出污水

液压与气动传动

表 10-7 空气过滤器常见故障及排除方法

故　障	原　因	排　除　方　法
压力降过大振动	① 使用过细的滤芯； ② 过滤器的流量范围太小； ③ 流量超过过滤器的容量； ④ 过滤器滤芯网眼堵塞	① 更换适当的滤芯； ② 换流量范围大的过滤器； ③ 换大容量的过滤器； ④ 用净化液清洗（必要时更换）滤芯
从输出端逸出冷凝水	① 未及时排出冷凝水； ② 自动排水器发生故障； ③ 超过过滤器的流量范围	① 养成定期排水的习惯或安装自动排水器； ② 修理（必要时更换）； ③ 在适当流量范围内使用或者更换容量大的过滤器

表 10-8 油雾器常见故障及排除方法

故　障	原　因	排　除　方　法
油不能滴下	① 没有产生油滴下落所需的压差； ② 油雾器反向安装； ③ 油道堵塞； ④ 油杯未加压	① 加上文丘里管或换成小的油雾器； ② 改变安装方向； ③ 拆卸、进行修理； ④ 因通往油杯空气通道堵塞，需拆卸修理
油杯未加压	① 通往油杯的空气通道堵塞； ② 油杯大，油雾器使用频繁	① 拆卸修理，加大通往油杯空气通孔； ② 使用快速循环式油雾器
油滴数不能减少	① 油量调整螺钉失效	① 检修油量调整螺钉

 练习与思考

1. 气动系统常用的故障诊断方法是什么？
2. 气动系统故障的种类有哪些？各有什么特点？

附录 常用液压传动及气压传动元件图形符号（摘自 GB/T 786.1—1993）

一、符号要素、功能要素、管路及连接

工作管路回油管路		电磁操纵器		连接放气装置	
控制管路泄油管路或放气管路		温度指示或温度控制		间断放气装置	
组合元件框线		原动机	M	单向放气装置	
液压符号	▲	弹簧	W	直接排气口	
气压符号	△	节流		带连接排气口	
流体流动通路和方向		单向阀简化符号的阀座		不带单向阀的快换接头	
可调性符号		固定符号		带单向阀的快换接头	
旋转运动方向		连接管路			
电气符号		交叉管路		单通路旋转接头	
封闭油、气路和油、气口		柔性管路		三通路旋转接头	

二、控制方式和方法

定位装置		单向滚轮式机械控制		液压先导加压控制	
按钮式人力控制		单作用电磁铁控制		液压二级先导加压控制	
拉钮式人力控制		双作用电磁铁控制		气压-液压先导加压控制	
按-拉式人力控制		单作用可调电磁操纵器		电磁-液压先导加压控制	
手柄式人力控制		双作用可调电磁操纵器		电磁-气压先导加压控制	
单向踏板式人工控制		电动机旋转控制		液压先导卸压控制	
双向踏板式人工控制		直接加压或卸压控制		电磁-液压先导卸压控制	
顶杆式机械控制		直接差动压力控制		先导型压力控制阀	
可变行程控制式机械控制		内部压力控制		先导型比例电磁式压力控制阀	
弹簧控制式机械控制		外部压力控制		电外反馈	
滚轮式机械控制		气压先导加压控制		机械内反馈	

附录　常用液压传动及气压传动元件图形符号（摘自 GB/T 786.1—1993）

三、泵、马达及缸

名称	符号	名称	符号
泵、马达（一般符号）		液压整体式传动装置	
单向定量液压泵空气压缩机		双作用单杆活塞缸	
双向定量液压泵		单作用单杆活塞缸	
单向变量液压泵		单作用伸缩缸	
双向变量液压泵		双作用伸缩缸	
定量液压泵-马达		单作用单杆弹簧复位缸	
单向定量马达		双作用双杆活塞缸	
双向定量马达		双作用不可调单向缓冲缸	
单向变量马达		双作用可调单向缓冲缸	
双向变量马达		双作用不可调双向缓冲缸	
变量液压泵-马达		双作用可调双向缓冲缸	
摆动马达（液压　气动）		气-液转换器	

四、方向控制阀

单向阀	（简化符号）	常开式二位三通电磁换向阀	
液控单向阀（控制压力关闭）		二位四通换向阀	
液控单向阀（控制压力打开）		二位五通换向阀	
或门型梭阀	（简化符号）	二位五通液动换向阀	
与门型梭阀	（简化符号）	三位三通换向阀	
快速排气阀	（简化符号）	三位四通换向阀（中间封闭式）	
常闭式二位二通换向阀		三位四通手动换向阀（中间封闭式）	
常开式二位二通换向阀		伺服阀	
二位二通人力控制换向阀		二级四通电液伺服阀	
常开式二位三通换向阀		液压锁	
三位四通压力与弹簧对中并用外部压力控制电液换向阀（详细符号）		三位五通换向阀	
三位四通压力与弹簧对中并用外部压力控制电液换向阀（简化符号）		三位六通换向阀	

附录　常用液压传动及气压传动元件图形符号（摘自 GB/T 786.1—1993）

五、压力控制阀

直动内控溢流阀		溢流减压阀	
直动外控溢流阀		先导型比例电磁式溢流减压阀	
带遥控口先导溢流阀		定比减压阀	减压比1/3
先导型比例电磁式溢流阀		定差减压阀	
双向溢流阀		内控内泄直动顺序阀	
卸荷溢流阀		内控外泄直动顺序阀	
直动内控减压阀		外控外泄直动顺序阀	
先导型减压阀		先导顺序阀	
带冷却剂管路指示冷却器		油雾器	气体隔离蓄能器
加热器		气源调节装置	重锤式蓄能器
温度调节器		液位计	弹簧式蓄能器
压力指示器		温度计	气罐

续表

压力计		流量计		电动机	
压差计		累计流量计		原动机	（电动机除外）
分水排水器	（人工排出） （自动排出）	转速仪		报警器	
空气过滤器	（人工排出） （自动排出）	转矩仪		行程开关	简化　详细
除油器	（人工排出） （自动排出）	消声器		液压源	（一般符号）
空气干燥器		蓄能器		气压源	（一般符号）
直动卸荷阀		单向顺序阀（平衡阀）			
压力继电器		制动阀			

附录 常用液压传动及气压传动元件图形符号（摘自 GB/T 786.1—1993）

六、流量控制阀

不可调节流阀		带消声器的节流阀		单向调速阀	
可调节流阀		减速阀		分流阀	
截止阀		普通型调速阀		集流阀	
可调单向节流阀		温度补偿型调速阀		分流集流阀	
滚轮控制可调节流阀		旁通型调速阀			

七、液压辅件和其他装置

管端在液面以上的通大气式油箱		局部泄油或回油		带磁性滤芯过滤器	
管端在液面以下通大气式油箱		密闭式油箱		带污染指示器过滤器	
管端连接于油箱底部的通大气式油箱		过滤器		冷却器	

参 考 文 献

[1] 范继宁. 液气传动技术[M]. 北京：人民邮电出版社，2009.

[2] 吴琰琨. 液压与气压技术[M]. 北京：人民邮电出版社，2009.

[3] 宋军民，周晓峰. 液压传动与气动技术[M]. 北京：中国劳动社会保障出版社，2009.

[4] 陈立群. 液压传动与气动技术[M]. 北京：中国劳动社会保障出版社，2006.

[5] 曹玉平，阎祥安. 液压传动与控制[M]. 天津：天津大学出版社，2003.

[6] 左健民. 液压与气压传动[M]. 北京：机械工业出版社，2001.

[7] 何存兴. 液压传动与气压传动[M]. 武汉：华中科技大学出版社，2000.

[8] 丁树模. 液压传动[M]. 北京：机械工业出版社，1999.

[9] 雷天觉. 新编液压工程手册[M]. 北京：北京理工大学出版社，1998.